普通高等教育“十四五”系列教材

材料力学实验指导书
（第二版）

主　编　钱丽娟　张继成
副主编　朱晨琳　陈忠利　郭世行

·北京·

内 容 提 要

本书根据普通高等学校力学基础课程教学指导分委员会的“材料力学课程教学基本要求”以及中国计量大学材料力学、工程力学等课程的教学大纲要求和材料力学实验室的实验仪器设备及实验内容编写而成。

本书共分四章，前三章为大纲要求规定的实验内容：第一章绪论，讲述材料力学实验的内容、标准、方法和要求；第二章为材料的力学性能测定；第三章为电测应力分析；第四章为选做实验，可由学生作为综合性实验或者设计性实验进行选做。

本书适用于高等院校工科相关专业师生，同时也可作为相关技术人员的参考用书。

图书在版编目（CIP）数据

材料力学实验指导书 / 钱丽娟，张继成主编. -- 2版. -- 北京 : 中国水利水电出版社，2021.6
普通高等教育“十四五”系列教材
ISBN 978-7-5170-9696-2

Ⅰ. ①材… Ⅱ. ①钱… ②张… Ⅲ. ①材料力学－实验－高等学校－教学参考资料 Ⅳ. ①TB301-33

中国版本图书馆CIP数据核字(2021)第123897号

书 名	普通高等教育“十四五”系列教材 **材料力学实验指导书（第二版）** CAILIAO LIXUE SHIYAN ZHIDAOSHU
作 者	主 编 钱丽娟 张继成 副主编 朱晨琳 陈忠利 郭世行
出版发行	中国水利水电出版社 （北京市海淀区玉渊潭南路1号D座 100038） 网址：www.waterpub.com.cn E-mail：sales@waterpub.com.cn 电话：（010）68367658（营销中心）
经 售	北京科水图书销售中心（零售） 电话：（010）88383994、63202643、68545874 全国各地新华书店和相关出版物销售网点
排 版	中国水利水电出版社微机排版中心
印 刷	北京瑞斯通印务发展有限公司
规 格	184mm×260mm 16开本 4.25印张 103千字
版 次	2010年7月第1版第1次印刷 2021年6月第2版 2021年6月第1次印刷
印 数	0001—4000册
定 价	**28.00**元

前　言

本书根据普通高等学校力学基础课程教学指导分委员会的“材料力学课程教学基本要求”以及中国计量学院材料力学、工程力学等课程的教学大纲要求和材料力学实验室的实验仪器设备及实验内容编写而成。

材料的力学性能测定与电测应力分析两章的内容为必做实验，选做实验是为开拓学生的学习兴趣而提供的综合性、设计性、拓展性实验。

本书编写时主要参考了刘鸿文、吕荣坤的《材料力学实验》（第三版）（高等教育出版社，2006）、秦皇岛市信恒电子科技有限公司的材料力学多功能实验台的实验指导书，以及济南天辰试验机有限公司产品使用手册等有关实验设备资料和教学资料。

中国计量大学机械教研室的张竞、施芒、张琦跃、檀中强、钟曼英老师给予了支持，谨此致谢。

本书承蒙中国水利水电出版社编辑提出很多修改意见，深表谢意。

由于编者的水平有限，书中难免有欠妥甚至错误之处，望广大读者批评指正。

编　者

2021年3月

目 录

第一章　绪　　论

一、实验的内容

材料力学实验是材料力学课程的一个重要组成部分。通过实验课程能巩固和加深理解理论课程中的基本知识，掌握材料机械性能及构件的应力与变形的测定方法，并使我们学会使用有关的仪器及设备（如材料万能试验机、电阻应变仪等），初步培养学生制定实验方案、操作实验设备以及正确处理实验数据的能力，对于提高学生实践能力、设计能力具有重要意义。同时，实验过程也是集体密切配合的过程，只有在合理分工、密切配合、团结一致的情况下，才能顺利完成每个实验。

材料力学实验具体包含以下三个方面内容。

1. 材料的力学性能的测定

材料的各项强度指标，如屈服极限、强度极限、冲击韧性等，以及材料的弹性性能如弹性模量、泊松比等，都是设计构件的基本参数和依据，而这些参数一般是通过实验来测定。随着材料科学的发展，各种新型合金材料、组合材料不断出现，力学性能的测定，是研究新材料的首要任务。

2. 基础理论的验证

材料力学常将实际问题抽象为理想模型，再由科学假设推导出一般公式，如纯弯曲梁和纯扭转圆轴的分析都使用了平面假设。用实验验证这些理论的正确性和适用范围，有助于加强对理论的理解和认识。

3. 实验应力和变形分析

工程上许多实际构件的形状和受载情况，都十分复杂。关于它们的强度问题，仅依靠理论计算，不容易得到满意的结果。用电测实验分析方法直接测定构件在受力情况下的应变，成为有效的方法。它可用于研究固体力学的基本定律，为发展新理论提供依据，同时又是提高工程设计质量，进行失效分析的一种重要手段。

二、实验方法和要求

材料力学实验过程中主要是测量作用在试件上的载荷和试件产生的变形，它们往往要同时测量，要求同组同学必须协同完成，因此，实验时应注意以下几方面。

1. 实验前的准备工作

要明确实验目的、原理和实验步骤，了解实验方法，拟定加载方案，设计实验表格以备使用。实验小组成员应明确分工，分别有记录者、测变形者和测力者。

2. 进行实验

未加载前，首先检查仪器安放是否稳定，按要求接好传感器和试件；接通电源后，应变力综合测试仪中拉压力和应变量是否调零；检查无误后即可进行实验，实验过程严格按照学生实验守则来完成。

3. 撰写实验报告

实验报告应当包括下列内容：实验名称、实验日期、实验者及同组成员；实验目的及装置；使用的仪器设备；实验原理及方法；实验数据及其处理；计算和实验结果分析。

4. 注意实验室纪律

为了保证实验课程顺利进行，对参加实验的每个学生提出以下要求：

(1) 实验课前须对课程进行预习，明确本次实验的目的、原理及熟悉实验所需要用的仪器。

(2) 进入实验室要遵守实验室规则，不得大声喧哗，要保持安静，不得随意乱动与实验无关的机器、仪器。

(3) 实验过程中，每个实验小组成员应有明确分工，统一指挥，实事求是。

(4) 爱护机器仪器及其他设备，如发生故障应及时上报实验老师。

(5) 实验完毕后，认真检查实验记录，整理仪器，经实验老师确认后方可离开实验室。

三、力学实验的设计标准

通过实验所测得的材料固有属性，往往与试样的尺寸、表面粗糙度、加载速度、温湿环境等有关，为了使实验所测得的结果能够相互比较，各个国家都对实验过程所涉及的试样尺寸及精度、实验方法以及数据处理等制定了标准。我国国家标准代号为 GB，美国国家标准代号为 ASTM，国际标准的代号为 ISO。当国际间需要做仲裁实验时，以国际标准为依据。

一般地，考虑到材料的不均匀性以及测量误差的引入，应采用多根试样或重复测量的方法，综合所有测得的数据得到最终的结论。

四、实验报告的撰写

(1) 实验过程中，要注意测量单位以及仪器本身的精度。仪器的最小刻度值代表了仪器的精度，比如百分表的最小刻度值是 0.01mm，则精度为 0.01mm；而读书时还需在最小刻度之间进行估读，比如 0.123mm 中，0.12 是直接读出的，3 是估读值。测量时应以多次测量得到结果的算术平均值作为最终数据。

(2) 数据计算时，一般可选用三位有效数字，例如截面积 $A=10.2\text{mm}\times11.3\text{mm}$ 的计算结果，应写为 115mm^2 而不是 115.26mm^2。

第二章　材料的力学性能测定

第一节　低碳钢和铸铁的拉伸实验

一、实验目的

(1) 验证胡克定律，测定低碳钢的弹性常数：弹性模量 E。

(2) 测定低碳钢拉伸时的强度性能指标：上屈服强度 R_{eH}，下屈服强度 R_{eL} 和抗拉强度 R_m。

(3) 测定低碳钢拉伸时的塑性性能指标：断后伸长率 A 和断面收缩率 Z。

(4) 测定灰铸铁拉伸时的强度性能指标：抗拉强度 R_m。

(5) 比较低碳钢与灰铸铁在拉伸时的力学性能和破坏形式。

二、实验设备和仪器

(1) 液压式万能试验机。

(2) 电子式万能试验机。

(3) 引伸计。

下文重点介绍材料试验机和实验试样标准。

1. 材料试验机

材料试验机是测定材料的力学性能的主要设备。本实验涉及的材料试验机有液压式万能试验机与电子式万能试验机。液压式万能试验机如图 2-1 所示。万能试验机的主要结构为加载系统与测力系统。下面分别介绍两种试验机的加载系统与测力系统。

图 2-1　30 吨液压式万能试验机

(1) 液压式万能试验机。

1) 液压式万能试验机的加载系统。液压式万能试验机的加载系统由底座上两根固定立柱及固定横梁组成承载框架，工作油缸固定在框架上，支撑着由上横梁、活动立柱和活动平台组成的活动框架。当油泵开动时，油液通过送油阀经送油管进入工作油缸，把活塞连同活动平台一起顶起。把试件安装于活动平台下的上夹头和底座上的下夹头间，由于下夹头固定，上夹头随活动平台上升，试件将受拉伸。若把试件放置于活动平台上，或将受弯梁放置在活动平台的两个弯矩支座上，因固定横梁不动，而活动横梁上升，试件将分别受到压缩或者弯曲变形。

2）液压式万能试验机的测力系统。试验机的测力系统是由专用液压传感器与 MAXtest 软件组成的。加载时，开动油泵电机，打开送油阀，油泵把油液送入工作油缸，顶起工作活塞给试件加载。安装在工作油缸上的液压传感器测得回路中的压力时发出信号，传递给 MAXtest 软件的测力系统，读出测得的力值大小。测力系统有 4 个测力挡选择（试验机配有摆锤，有不同的测力挡选择），可读出拉伸试验力的数值及峰值。

试验机的示力刻度盘也可测得力值范围，可根据摆锤的重量选择相应的读数范围。

3）显示系统。实验时试件上的引伸仪将测得的变形信号传递给微机，液压传感器把压力信号传递给微机，微机系统分别显示出载荷值与变形值。可在力值显示窗口与变形显示窗口分别读出力与变形值，并在曲线显示窗口显示力与变形曲线，如图 2-2 所示。

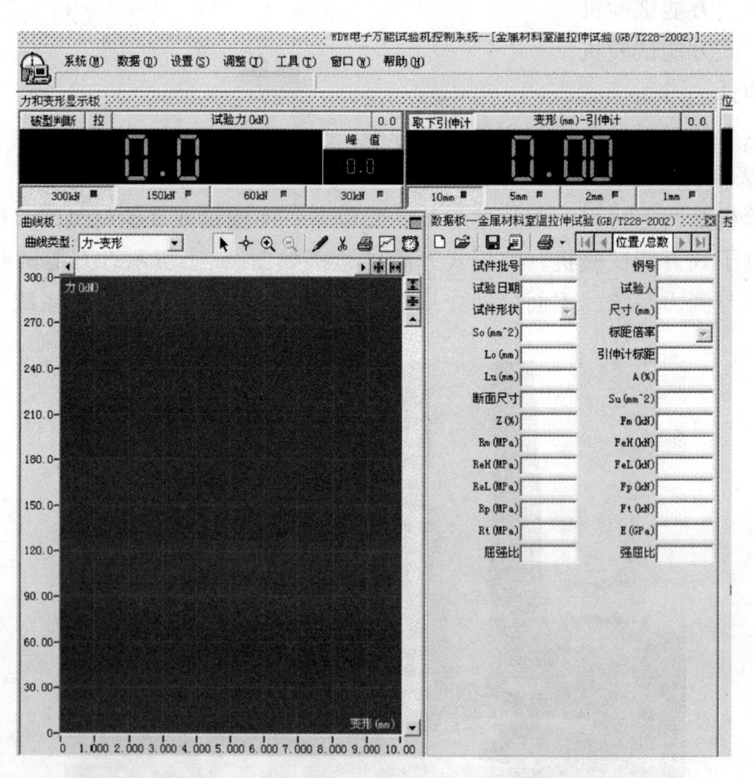

图 2-2 MAXtest 系统的力值与变形显示板

在曲线显示窗口可绘出低碳钢的应力伸长率曲线，如图 2-3 所示。

(2) 电子式万能试验机。电子式万能试验机如图 2-4 所示。试验机由主机、调速系统与测量系统组成。试验机采用单空间门式结构，拉伸、压缩及弯曲等试验均在下空间进行。主机部分是由两根导向立柱、上横梁、中横梁，以及工作平台组成落地式框架，调速系统安装在工作平台下部。由交流伺服电机通过传动机构带动中横梁，中横梁带动拉伸辅具（或压缩、弯曲等辅具）上下移动，实现试验的加载与卸载。

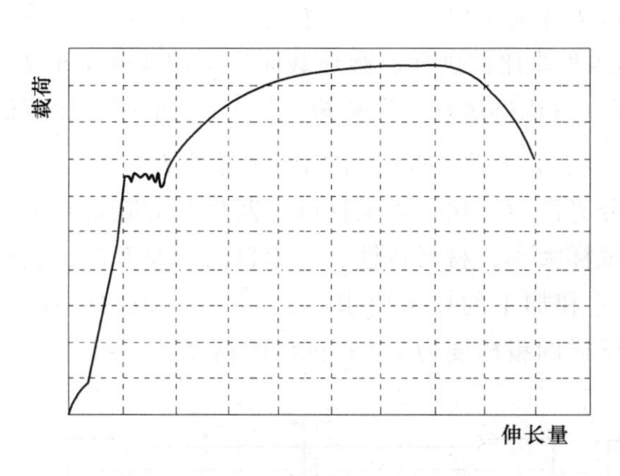

图 2-3　低碳钢的载荷-伸长量曲线

图 2-4　电子式万能试验机

测量系统由人机交互的形式进行操作。控制系统对系统的试验力、试样变形（通过引伸仪）及横梁位移等参量进行控制及测量，微机动态显示试验力、试验力峰值、横梁位移、试样变形等工作参数以及试验曲线。图 2-5 为电子式万能试验机的动态显示窗口。

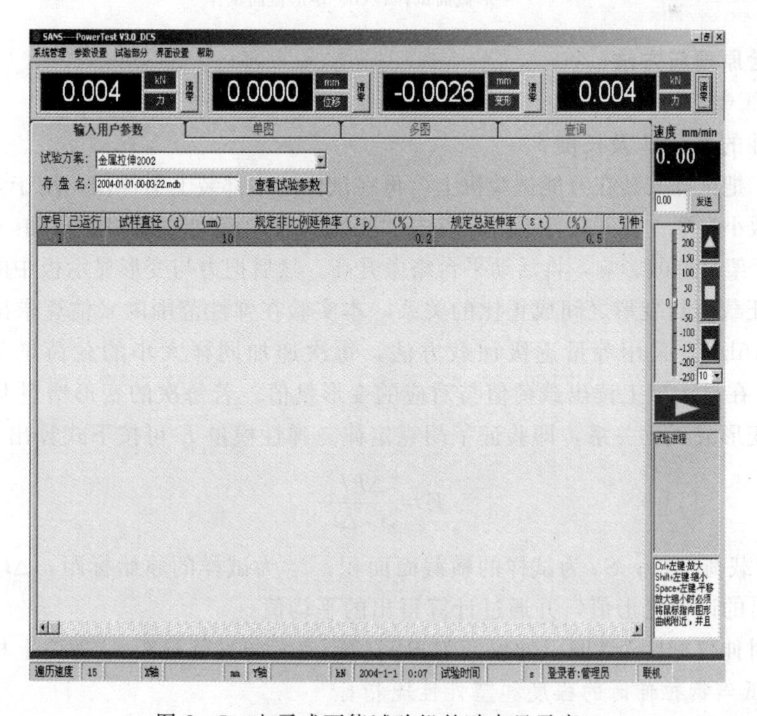

图 2-5　电子式万能试验机的动态显示窗口

2. 实验试样

按照 GB/T 228.1—2010《金属材料 拉伸试验 第1部分：室温试验方法》，金属拉伸试样的形状随着产品的品种、规格以及试验目的的不同而分为圆形截面、矩形截面、弧形和环形截面，特殊情况下可以为其他形状。其中最常用的是圆形截面试样和矩形截面试样。

试验试样如图2-6所示为圆形或者矩形截面，圆形和矩形截面试样均由平行、过渡和夹持三部分组成。平行部分的试验段长度 l 称为试样的标距，按试样的标距 l 与横截面面积 A 之间的关系，可将试样分为比例试样和非比例试样。圆形截面比例试样通常取 $l=10d$（长比例试样，简称长试样）或 $l=5d$（短比例试样，简称短试样），矩形截面比例试样通常取 $l=11.3\sqrt{A}$（长试样）或 $l=5.65\sqrt{A}$（短试样）。定标距试样的 l 与 A 之间无上述比例关系。过渡部分以圆弧与平行部分光滑地连接，以保证试样断裂时的断口在平行部分。夹持部分稍大，其形状和尺寸根据试样大小、材料特性、试验目的以及万能试验机的夹具结构进行设计。对试样的形状、尺寸和加工的技术要求参见 GB/T 228.1—2010。本实验采用圆形截面的短试样。实际加工试样的粗糙度为1.6；试样的精度为7级。

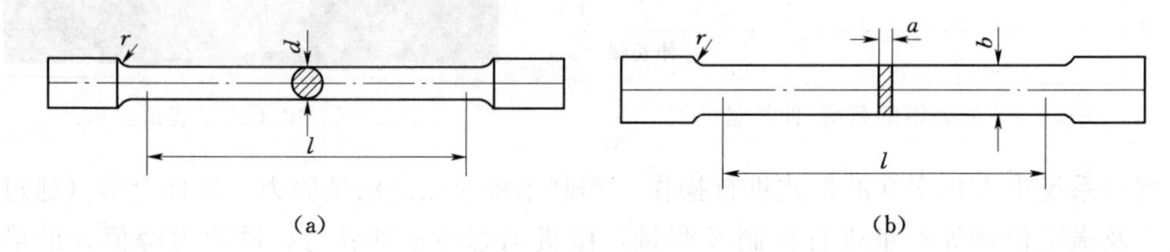

图2-6 拉伸试样

(a) 圆形截面试样；(b) 矩形截面试样

三、实验原理与方法

1. 测定低碳钢的弹性模量

测定试件的直径 d 及长度 l。

实验时，把试样安装在万能试验机上，再在试样的中部装上引伸仪，用于测量试样中部 l_0 长度内的微小变形。打开软件系统，点击"开始"，开动万能试验机，预加一定的初载荷，为消除活动框架自重的影响，将活动平台略微升高。然后把力与变形显示板中的数据清零。

为了验证载荷与变形之间成正比的关系，本实验在弹性范围内（估算求出的最大弹性载荷不超过16kN）采用等量逐级加载方法，每次递加同样大小的载荷增量 ΔF（可选 $\Delta F=3$kN），在显示屏上读出载荷值与对应的变形量值。若每次的变形增量基本相等，则说明载荷与变形成正比关系，即验证了胡克定律。弹性模量 E 可按下式算出

$$E=\frac{\Delta F l_0}{S_0\,\Delta l_0} \tag{2-1}$$

式中：ΔF 为载荷增量；S_0 为试样的横截面面积；l_0 为试样的原始标距；Δl_0 为在载荷增量 ΔF 下测出的试样变形值，并通过计算得出的平均值。

本实验引伸仪标距 l（即引伸仪两刀刃间的距离）与试件标距 l_0 理论上相等。

2. 测定低碳钢拉伸时的强度和塑性性能指标

拉伸至弹性阶段结束后，停止加载，取下引伸计，继续缓慢加载直至试样拉断，测出

低碳钢在拉伸时的力学性能。

(1) 强度性能指标。上屈服强度、下屈服强度。屈服强度为试样在拉伸过程中载荷不增加或在小范围波动而试样仍能继续产生变形时的力(上屈服力 F_{eH}、下屈服力 F_{eL})除以原始横截面面积 S_0 所得的应力值,即

$$R_{eH}=\frac{F_{eH}}{S_0} \quad R_{eL}=\frac{F_{eL}}{S_0} \tag{2-2}$$

抗拉强度 R_m 为试样在拉断前所承受的最大力 F_m 除以原始横截面面积 S_0 所得的应力值,即

$$R_m=\frac{F_m}{S_0} \tag{2-3}$$

低碳钢是具有明显屈服现象的塑性材料,在均匀缓慢的加载过程中,当万能试验机测力盘上的指针发生首次回转时所指示的最小载荷为下屈服力,若有多次回转,选择回转时最小力为下屈服力,而回转前的最大值为上屈服力。

此时力与变形显示板上可分别看到力的数值在变小(在一定范围内波动),变形数据快速增加,可分别读出上屈服力(屈服前第一个峰值力)与下屈服力(屈服阶段中的最小力)。

试样超过屈服力后,再继续缓慢加载直至试样被拉断,万能试验机的指针所指示的最大载荷即为最大力。力值显示板的峰值即为最大力。

在载荷到达最大值之前试件变形是均匀的,但进入颈缩阶段后,变形则主要发生在某个局部。

当载荷达到最大力后,主动指针将缓慢退回,微机显示力值数据在变小。此时可以看到,在试样的某一部位局部变形加快,出现局部颈缩现象,随后试样很快被拉断。

(2) 塑性性能指标。断后总伸长率(A_t)为拉断后的试样标距部分所增加的长度与原始标距长度的百分比,即

$$A_t=\frac{l_u-l_0}{l_0}\times 100\% \tag{2-4}$$

式中:l_0 为试样的原始标距;l_u 为将拉断的试样对接起来后两标点之间的距离。

试样的塑性变形集中产生在颈缩处,并向两边逐渐减小。因此,断口的位置不同,标距 l_0 部分的塑性伸长也不同。若断口在试样的中部,发生严重塑性变形的颈缩段全部在标距长度内,标距长度就有较大的塑性伸长量;若断口距标距端很近,则发生严重塑性变形的颈缩段只有一部分在标距长度内,另一部分在标距长度外,在这种情况下,标距长度的塑性伸长量就小。因此,断口的位置对所测得的伸长率有影响。为了避免这种影响,国家标准 GB/T 228.1—2010 对 l_u 的测定做了如下规定。

原则上只有断裂处与最接近的标距标记的距离不小于原始标距的 1/3 情况为有效。但断后伸长率大于或等于规定值,不管断裂位置处于何处测量均为有效。

测量时,两段在断口处应紧密对接,尽量使两段的轴线在一条直线上。若在断口处形成缝隙,则此缝隙应计入 l_u 内。

断面收缩率 Z 为拉断后的试样在断裂处的最小横截面面积的缩减量与原始横截面面

积的百分比，即

$$Z=\frac{S_0-S_u}{S_0}\times 100\% \tag{2-5}$$

式中：S_0 为试样的原始横截面面积；S_u 为拉断后的试样在断口处的最小横截面面积。

3. 测定灰铸铁拉伸力学参数

采用电子式万能试验机测得灰铸铁的力学性能，熟悉不同试验机的使用方法。

试验前测量试件的直径，并安装试件。打开软件，点击交互控制系统中的运行按钮。系统开始加载，并绘出力与变形图。

灰铸铁在拉伸过程中，变形很小时就会断裂，软件系统记录下最大力 F_m 及运行参数，F_m 除以原始横截面面积 S_0 所得的应力值即为灰铸铁的抗拉强度 R_m，即

$$R_m=\frac{F_m}{S_0} \tag{2-6}$$

四、实验步骤

1. 用液压式万能试验机测定低碳钢的弹性模量及强度指标

（1）测量试样的尺寸。在试样标距长度范围内的中间位置以及标距两端点的内侧附近处，用游标卡尺在相互垂直方向上测取试样直径，这 3 个位置处直径的平均值作为计算直径，并测量试样的标距 l_0。

（2）打开软件系统，输入试件数据。

（3）将低碳钢的拉伸试样安装在万能试验机的夹头上，夹住试样，并把引伸仪安装在试样的中部，软件中的载荷清零，变形数据清零，注意调节合适的量程。

（4）打开进油阀，匀速缓慢加载，最大至 16kN。在每增加 3kN 时在计算机的变形显示窗口读取杆件伸长量。然后卸载，并反复两次。再取下引伸仪。

（5）继续匀速缓慢加载，观察试样的屈服现象和颈缩现象，直至试样被拉断为止，分别记录下力值显示窗口的上屈服力与下屈服力以及最大力，或者在指针刻度盘中记录下上屈服力与下屈服力和最大力 F_m。

（6）取下拉断后的试样，将断口吻合压紧，用游标卡尺量取断口处的最小直径和两标点之间的距离。

2. 用电子式万能试验机测定灰铸铁拉伸时的强度性能指标

（1）测量试样的尺寸。

（2）把试样安装在万能试验机的上、下夹头之间，估算试样的最大力。

（3）点击软件的运行按钮，调整加载速度，匀速缓慢加载直至试样被拉断为止，记录下最大力 F_m。

★注意事项

（1）实验时必须严格遵守实验设备和仪器的各项操作规程。开动万能试验机后，操作者不得离开工作岗位，实验中如发生故障应立即停机。

（2）引伸仪系精密仪器，使用时须谨慎小心，安装时不能卡得太松，以防实验中脱落摔坏；也不能卡得太紧，以防刀刃损伤造成测量误差。

（3）加载时速度要均匀缓慢，防止冲击。

五、实验数据的记录与计算

实验结果的记录与计算以表格及图线的形式表达，计算结果保留3位有效数字。

1. 测定低碳钢的弹性模量

低碳钢弹性模量数据的记录与计算可参考表2-1。

表2-1　测定低碳钢的弹性模量试验的数据记录与计算

试样尺寸：	直径 $d_1=$	$d_2=$	$d_3=$	平均 $d=$	
试样参数：	引伸仪标距 $l=50$mm，试样标距 $l_0=$　　mm				
变形/mm 载荷/kN		第一次		第二次	
读数 F	增量 ΔF	变形读数 n	增量 Δn	变形读数 n	增量 Δn
增量均值 $\overline{\Delta F}=$		增量均值 $\overline{\Delta n}=$		增量均值 $\overline{\Delta n}=$	
试样伸长的平均值	$\overline{\Delta l_0}=\overline{\Delta n}/m=$　　mm				
弹性模量	$E=\overline{\Delta F}l_0/(S_0\ \overline{\Delta l_0})=4\ \overline{\Delta F}l_0/(\pi d^2\ \overline{\Delta l_0})=$　　GPa				

注　m 为试验次数。

2. 测定低碳钢拉伸时的强度和塑性性能指标

低碳钢拉伸时性能指标记录与计算可参考表2-2。

表2-2　测定低碳钢拉伸时的强度和塑性性能指标试验的数据记录与计算

试　样　尺　寸	实　验　数　据
实验前： 标距 $l_0=$　　mm 直径 $d=$　　mm 实验后： 标距 $l_u=$　　mm 直径 $d_u=$　　mm	上屈服力 $F_{eH}=$　　kN 下屈服力 $F_{eL}=$　　kN 上屈服强度 $R_{eH}=$　　MPa 下屈服强度 $R_{eL}=$　　MPa 抗拉强度 $R_m=$ 断后伸长率 $A=$ 断后收缩率 $Z=$
拉断后的试样草图	试样拉伸时载荷变形图

3. 测定灰铸铁拉伸时的强度性能指标

铸铁拉伸强度的记录与计算可参考表 2-3。

表 2-3 测定灰铸铁拉伸时的强度性能指标试验的数据记录与计算

试 样 尺 寸	实 验 数 据
实验前： 直径 $d_{灰}=$ mm	最大力 $F_{m灰}=$ kN 抗拉强度 $R_{m灰}=$ MPa
拉断后的试样草图	试样拉伸时载荷变形图

六、思考题

(1) 低碳钢和灰铸铁在常温静载拉伸时的力学性能和破坏形式有何异同?

(2) 测定材料的力学性能有何实用价值?

(3) 你认为产生试验结果误差的因素有哪些? 应如何避免或减小其影响?

(4) 本实验所计算出的应力是否为真实应力? 为什么?

第二节 低碳钢和铸铁的扭转实验

一、实验目的

(1) 验证剪切胡克定律，测定低碳钢的剪切模量 G。

(2) 测定低碳钢扭转时的强度性能指标：上屈服扭矩 T_{eH}、下屈服扭矩 T_{eL}、最大扭矩 T_m、上屈服强度 τ_{eH}、下屈服强度 τ_{eL} 和抗扭强度 τ_m。

(3) 测定灰铸铁扭转时的强度性能指标：最大扭矩 T_m、抗扭强度 τ_m。

(4) 绘制低碳钢和灰铸铁的扭转图，比较低碳钢和灰铸铁的扭转破坏形式。

二、实验设备和仪器

(1) 微机控制扭转试验机。微机控制扭转试验机由主机、控制和测量系统、微机和数据处理部分组成。控制和测量系统由数字测量控制器（扭矩检测单元、扭角检测单元）及交流伺服调速部分组成，本机的主要特点是：通过对微机的控制，实现对扭矩及扭角的测量，控制工件的运行、停止、正转、反转及进行调速；检测结果显示在计算机上，并给出相应的工作曲线；传动系统采用高可靠性的交流伺服电机和精密减速器，以利于传动的平稳性。

该机工作时由计算机控制，通过交流调速伺服系统控制带动减速机，放大力矩，使主动夹头旋转，对试样施加扭矩。同时由扭矩传感器检测出所加扭矩，由数字测量控制器检测出扭转变形量，并进行放大处理，最后传递给计算机，显示扭矩—扭角曲线。其静夹头可以随尾座在精密滚动导轨上自由移动，用于调整试验空间和试验时随试样的轴向变形而产生的移动，避免产生轴向附加力。试验机实验方法满足 GB/T 10128—2007《金属材料　室温扭转试验方法》中对试验的要求。扭转试验机如图 2-7 所示。

图 2-7　扭转试验机

（2）实验试样。按照 GB/T 10128—2007，金属扭转试样随着产品的品种、规格以及试验目的的不同而分为圆形截面试样和管形截面试样两种。其中最常用的是圆形截面试样。通常，圆形截面试样的直径 $d=10\text{mm}$，标距 $l=5d$ 或 $l=10d$。试样头部的形状和尺寸应适合扭转试验机的夹头夹持。

由于扭转试验时，试样表面的切应力最大，试样表面的缺陷将对试验结果有很大影响，所以，对扭转试样的表面粗糙度的要求要比拉伸试样高。对扭转试样的加工技术要求参见 GB/T 10128—2007。实际加工试样的粗糙度为 1.6；试样的精度为 7 级。

三、实验原理与方法

1. 测定低碳钢的剪切模量

为了验证剪切胡克定律，在弹性范围内，采用等量逐级加载法。每次增加同样的扭矩 ΔT，若扭转角 $\Delta\varphi$ 也基本相等，即验证了剪切胡克定律。

根据扭矩增量的平均值$\overline{\Delta T}$，测得的扭转角增量的平均值$\overline{\Delta\varphi}$，由此可得到剪切模量为

$$G=\frac{\overline{\Delta T}l}{\overline{\Delta\varphi}I_p} \tag{2-7}$$

$$I_p=\frac{\pi d^4}{32}$$

式中：l 为试样的标距；I_p 为试样在标距内横截面的极惯性矩；d 为试样的直径。

2. 测定低碳钢扭转时的强度性能指标（规定非 H 例扭转强度的测定）

试样在外扭矩的作用下，其上任意一点处于纯剪切应力状态。随着外扭矩的增加，测力矩的读数会出现停顿或下降，按照 GB/T 10128—2007，首次下降前的最大扭矩为上屈服扭矩；屈服阶段中不计初始瞬时效应的最小扭矩为下屈服扭矩，其上屈服强度和下屈服强度的计算公式分别为

$$\tau_{eH}=\frac{T_{eH}}{W_p}\quad \tau_{eL}=\frac{T_{eL}}{W_p} \tag{2-8}$$

式中：W_p 为试样在标距内的抗扭截面系数，$W_p=\pi d^3/16$。

在测出屈服扭矩 T_{eH} 与 T_{eL} 后，继续加载，直到试样被扭断为止。从记录的扭转曲线

（扭矩—扭角曲线）或在微机扭矩显示中读出试样扭断前所承受的最大扭矩。低碳钢的抗扭强度为

$$\tau_m = \frac{T_m}{W_p} \tag{2-9}$$

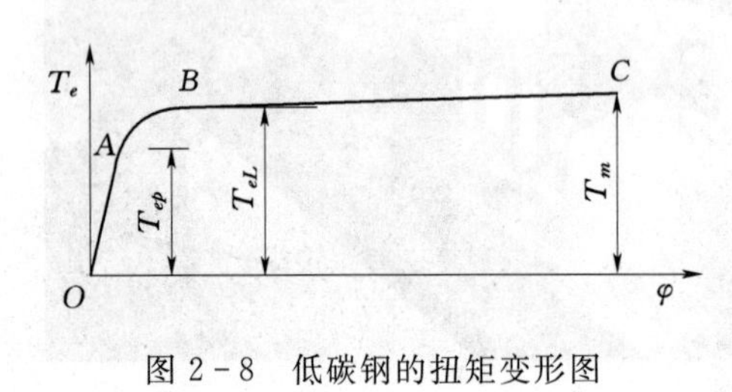

图 2-8　低碳钢的扭矩变形图

对于塑性变形显著的材料，计算下屈服强度与抗扭强度可参考下面的计算方法。（参见刘鸿文、吕荣坤编《材料力学实验》）

低碳钢试样在扭转变形过程中，利用扭转试验机上的微机绘出的 $T_e-\varphi$ 图如图 2-8 所示。当达到图中 A 点时，T_e 与 φ 成正比的关系开始破坏，这时，试样表面处的切应力进入屈服状态，测得此时相应的外扭矩 T_{ep}，如图 2-9（a）所示，则扭转屈服强度为

$$\tau_{eL} = \frac{T_{ep}}{W_p} \tag{2-10}$$

经过 A 点后，横截面上出现了一个环状的塑性区，如图 2-9（b）所示。若材料的塑性很好，且当塑性区扩展到接近中心时，横截面周边上各点的切应力仍未超过扭转屈服强度，此时的切应力分布可简化成图 2-9（c）所示的情况，对应的下屈服扭矩 T_{eL} 为

$$T_{eL} = \int_0^{d/2} \tau_{eL}\rho 2\pi\rho \mathrm{d}\rho = 2\pi\tau_{eL}\int_0^{d/2} \rho^2 \mathrm{d}\rho = \frac{\pi d^3}{12}\tau_{eL} = \frac{4}{3}W_p\tau_{eL}$$

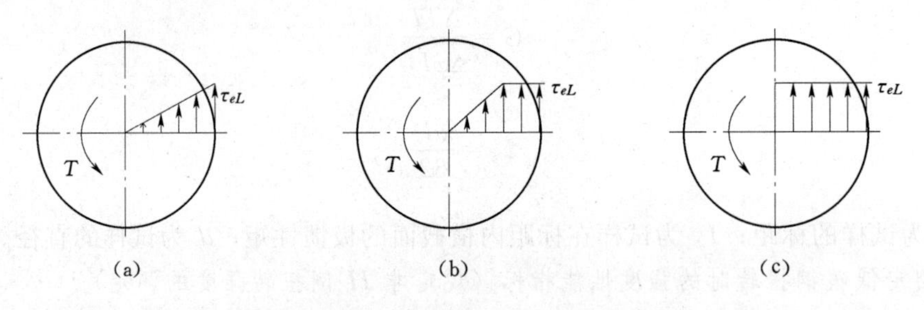

图 2-9　低碳钢圆柱形试样扭转时横截面上的切应力分布

(a) $T=T_{ep}$；(b) $T_{ep}<T<T_{eL}$；(c) $T=T_{eL}$

由于 $T=T_{eL}$，因此，由上式可以得到

$$\tau_{eL} = \frac{3}{4}\frac{T_{eL}}{W_p}$$

同理得证

$$\tau_{eH}=\frac{3}{4}\frac{T_{eH}}{W_p}$$

从微机显示扭矩—扭转角曲线来看，A 点的位置不易精确判定，而 B 点的位置则较为明显。因此，一般均根据由 B 点测定的 T_{eL} 来求扭转下屈服强度 τ_{eL}。当然这种计算方法也有缺陷，只有当实际的应力分布与图 2-9（c）完全相符合时才是正确的，对塑性较小的材料差异是比较大的。从图 2-8 可以看出，当扭矩超过 B 点后，扭转角 φ 增加很快，而扭矩增加很小，BC 近似于一条水平线。因此，可认为横截面上的切应力分布如图 2-9（c）所示，只是切应力值比 τ_{eL} 大。根据测定的试样在断裂时的扭矩 T_m，可求得抗扭强度为

$$\tau_m=\frac{3}{4}\frac{T_m}{W_p}$$

3. 测定灰铸铁扭转时的强度性能指标

对于灰铸铁试样，只需测出其承受的最大扭矩 T_m，抗扭强度为

$$\tau_m=\frac{T_m}{W_p} \tag{2-11}$$

由上述扭转破坏的试样可以看出：低碳钢试样的断口与轴线垂直，表明破坏是由切应力引起的；而灰铸铁试样的断口则沿螺旋线方向与轴线约成 45°，表明破坏是由拉应力引起的。

四、实验步骤

1. 测定低碳钢的剪切模量和强度性能指标

（1）测量试样尺寸。在标距的两端和中间三个位置上，测量试样的直径，以计算试样的平均直径。

（2）打开系统软件，在试验机上正确安装试样，并在试件上安装扭转计，做好试验准备。

（3）点击数据板，输入试件有关参数并保存。

（4）加载，设定加载速度。线性阶段（0～40N・m）缓慢加载，记录扭矩 1N・m、11N・m、21N・m、31N・m、41N・m 时的扭转角，并注意对上屈服扭矩和下屈服扭矩进行观察。若载荷变化停止或下降，则表明整个材料发生屈服，记录上屈服扭矩与下屈服扭矩，并取下扭转计。

（5）继续加载，可以加快加载速度，直至试样被扭断为止，由电脑显示读取最大外力偶矩 T_m。关闭扭转试验机。

2. 测定灰铸铁扭转时的强度性能指标

（1）测量试样的直径（方法与拉伸试验相同）。

（2）安装试样。在试验机上正确安装试样，做好试验准备。

（3）加载。打开系统软件，设定或调整加载速度，均匀缓慢加载，直至试样被扭断为止，关闭扭转试验机，由电脑显示读取最大扭矩 T_m。

五、实验数据记录与计算

剪切模量与低碳钢、铸铁扭转时的性能指标结果的记录与计算以表格与图线形式表达，计算结果保留了3位小数。

1. 测定低碳钢的剪切模量

低碳钢剪切模量试验数据记录与计算可参考表2-4。

表2-4　　测定低碳钢的剪切模量试验的数据记录与计算

试样尺寸：	平均直径 $d=$　　　mm		
试件参数：	标距 $l=$　　　mm		
扭矩（N·m）		变形（°）	
读数 T	增量 ΔT	扭转角读数 ϕ	增量 $\Delta\phi$
1			
11			
21			
31			
41			
扭矩增量均值 $\overline{\Delta T}=$		扭转角增量均值 $\overline{\Delta\varphi}=$	
剪切模量 $G=\overline{\Delta T}l/\overline{\Delta\varphi}I_p=$　　　GPa			

注意 $\overline{\Delta\varphi}$ 的量纲，在计算切变模量时把角度的量纲转化为弧度。

2. 测定低碳钢、灰铸铁扭转时的强度性能指标

低碳钢、灰铸铁扭转时的强度性能指标试验数据记录与计算可参考表2-5。

表2-5　　测定低碳钢和灰铸铁扭转时的强度性能指标试验数据记录与计算

材　料	低　碳　钢	灰　铸　铁
试样尺寸	平均直径 $d=$　　　mm	平均直径 $d=$　　　mm
扭矩变形图		
断裂后的试样草图		
实验数据	上屈服扭矩 $T_{eH}=$　　　N·m 下屈服扭矩 $T_{eL}=$　　　N·m 最大扭矩 $T_m=$　　　N·m 上屈服强度 $\tau_{eH}=$　　　MPa 下屈服强度 $\tau_{eL}=$　　　MPa 抗扭强度 $\tau_m=$　　　MPa	最大扭矩 $T_{m灰}=$　　　N·m 抗扭强度 $\tau_m=T_{m灰}/W_p=$　　　MPa

六、思考题

（1）比较低碳钢与灰铸铁试样的扭转破坏断口，并分析它们的破坏原因。

（2）根据拉伸和扭转两种试验结果，比较低碳钢与灰铸铁的力学性能及破坏形式，并分析原因。

（3）根据扭矩—扭角曲线，及记录的 T_{eL}、T_m 值，分析对于本实验屈服强度与抗扭强度应用哪个计算公式误差更小。为什么？

第三章 电测应力分析

第一节 矩形、T形、工字形梁纯弯曲正应力实验

一、实验目的

(1) 熟悉电阻应变测量技术的基本原理和方法。

(2) 分别测量纯弯曲矩形、工字形、T 形截面梁上的正应力。

(3) 测量材料的泊松比。

(4) 熟悉各种平面图形的几何性质的分析方法，比较在各种截面上的正应力分布规律。

二、实验装置

如图 3-1 所示，矩形、T 形、工字形截面纯弯曲梁材料为 45 号钢，弹性模量 $E=210GPa$。在其长度方向上分别制成矩形截面、工字形截面和 T 形截面三段，每段梁的侧面沿与轴线平行的不同高度上均粘贴有单向应变片。在矩形梁的上下各贴有一枚横向应变片，用于测量泊松比。每种截面的尺寸及应变片位置如图 3-1 所示。通过材料力学多功能试验装置（图 3-2）实现等量逐级加载，载荷大小由数字载荷显示仪显示。

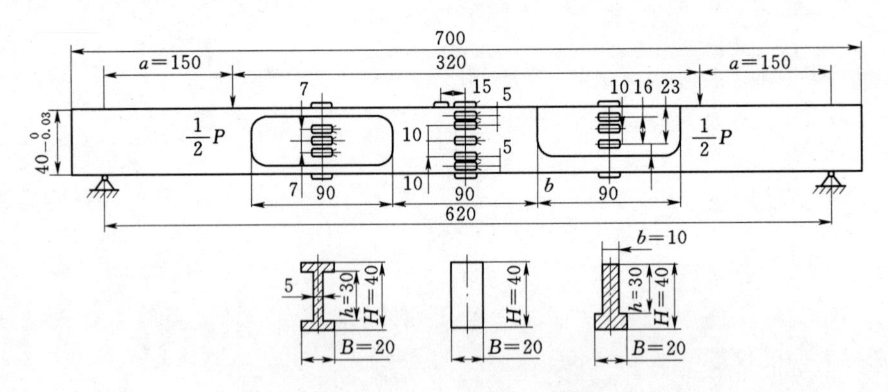

图 3-1 工字形、矩形及 T 形截面梁

三、实验原理与方法

梁在载荷 P 的作用下发生弯曲变形，三种截面上所承受的弯矩均为

$$M=\frac{1}{2}Pa \tag{3-1}$$

横截面上的正应力理论计算公式为

$$\sigma_{理}=\frac{My}{I_z} \tag{3-2}$$

式中：y 为欲求应力点到中性轴的距离。

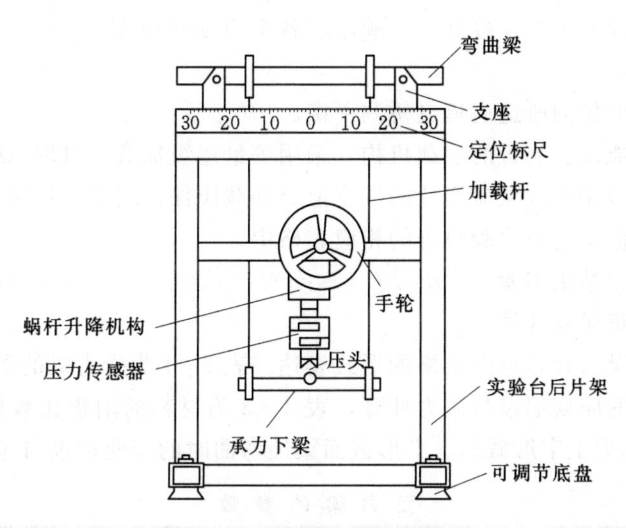

图 3-2 纯弯曲梁实验装置

对于矩形截面和工字形截面，梁的中性轴（z 轴）位置均在其几何中心线上，但T形截面梁的中性轴（z 轴）需要通过计算可得T形截面的中性轴位置。各截面的惯性矩 I_z 为：

矩形截面的惯性矩

$$I_z=\frac{1}{12}BH^3$$

工字形截面的惯性矩

$$I_z=\frac{1}{12}(BH^3-bh^3)$$

T形截面的惯性矩

$$I_z=\int_{-y_0}^{-y_0+10}By^2\mathrm{d}y+\int_{-y_0+10}^{40-y_0}by^2\mathrm{d}y$$

式中：y_0 为底边到中性轴的距离。

对于图 3-1 所示结构，矩形截面的惯性矩 $I_2=1.067\times10^{-7}\mathrm{m}^4$；T形截面 $I_z=7.218\times10^{-8}\mathrm{m}^4$；$y_0=17\mathrm{mm}$。

图 3-3 为 1/4 桥接法，将每段梁上的应变片以 1/4 桥形式分别接入应变仪的通道中，共用一个温度补偿片，组成如图 3-3 所示的电桥。当梁在载荷 P 的作用下发生弯曲变形时，工作片的电阻随着梁的变形而发生变化，通过电阻应变仪可以分别测量出各对应位置的应变量 $\varepsilon_{实}$。根据广义胡克定律可计算出相应的应力值

$$\sigma_{实}=E\varepsilon_{实} \tag{3-3}$$

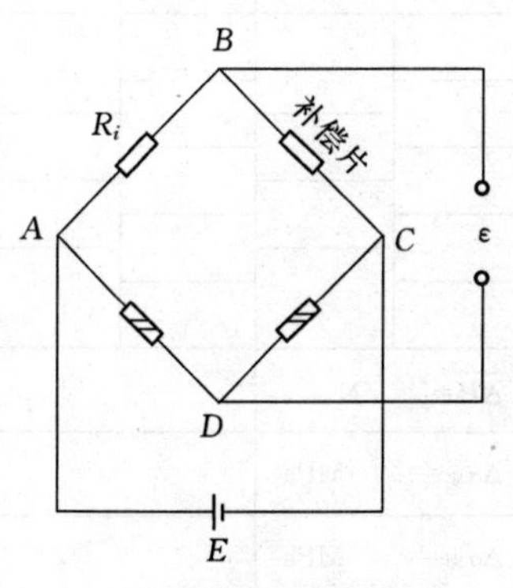

图 3-3 测量弯曲变形的 1/4 桥

四、实验步骤

(1) 分别测量梁的各个截面尺寸、应变片位置参数及其他有关尺寸。预热应变仪。计算中性轴位置及各个截面的惯性矩 I_z。

（2）检查各种仪器是否连接好，按顺序将各个应变片按图 3-3 所示的 1/4 桥接法接入应变仪的所选通道上。

（3）逐一将应变仪的所选通道电桥调平衡。

（4）摇动多功能试验装置的加载机构，采用等量逐级加载（可取 $\Delta P=1\text{kN}$）。每加一级载荷，分别读出各相应电阻应变片的应变值。加载应保持缓慢、均匀、平稳。

（5）将实验数据记录在实验报告的相应表格中。

（6）整理仪器，结束实验。

五、实验数据记录与计算

实验结果的记录与计算可以表格的形式表达。表 3-1 为受力梁的参数，表 3-2 为矩形截面梁纯弯曲时的应变记录与应力计算，表 3-3 为材料的泊松比数据记录与计算，表 3-4、表 3-5 分别为工字形截面、T 形截面梁纯弯曲时的应变记录与应力计算。

表 3-1　　受力梁的参数

应变片至中性层距离（mm）				梁的尺寸和有关参数
	矩形	工字形	T 形	
y_1	−20	−20	−23	宽度 $B=20\text{mm}$
y_2	−10	−7	−16	高度 $H=40\text{mm}$
y_3	0	0	−10	跨度 $L=620\text{mm}$
y_4	10	7	0	载荷距离 $a=150\text{mm}$
y_5	20	20	17	弹性模量 $E=210\text{GPa}$
				泊松比 $\mu=0.28$

表 3-2　　矩形截面梁纯弯曲时的正应变测试

矩　形　截　面 $E=$　　GPa，$a=$　　mm，$B=$　　mm，$H=$　　mm											
应变（$\mu\varepsilon$） 载荷（kN）		1—1 点 $y=$　　mm		2—2 点 $y=$　　mm		3—3 点 $y=$　　mm		4—4 点 $y=$　　mm		5—5 点 $y=$　　mm	
读数	增量	读数	增量	读数	增量	读数	增量	读数	增量	读数	增量
$\overline{\Delta P}=$　　N											
$\Delta\sigma_{实}=$　　MPa											
$\Delta\sigma_{理}=$　　MPa											
误差=　　%											

表 3-3　　测量材料的泊松比数据记录

矩　形　截　面

$E=$　　GPa，$a=$　　mm，$B=$　　mm，$H=$　　mm

测点	项目						
6—6 点 $y=$　　mm	ε 读数						
	增量						$\Delta\varepsilon_6=$
7—7 点 $y=$　　mm	ε 读数						
	增量						$\Delta\varepsilon_7=$

$\mu_1=-\Delta\varepsilon_6/\Delta\varepsilon_1=$　　$\mu_2=-\Delta\varepsilon_7/\Delta\varepsilon_5=$　　$\mu=(\mu_1+\mu_2)/2=$

表 3-4　　工字形截面梁纯弯曲时的应变记录与应力计算

工　字　形　截　面

$E=$　　GPa，$a=$　　mm，$B=$　　mm，$H=$　　mm，$b=$　　mm，$h=$　　mm

应变（$\mu\varepsilon$） 载荷（kN）		1—1 点 $y=$　　mm		2—2 点 $y=$　　mm		3—3 点 $y=$　　mm		4—4 点 $y=$　　mm		5—5 点 $y=$　　mm	
载荷	增量	应变	增量	应变	增量	应变	增量	应变	增量	应变	增量
$\overline{\Delta P}=$　　N											
$\Delta\sigma_{实}=$　　MPa											
$\Delta\sigma_{理}=$　　MPa											
误差=　　%											

表 3-5　　T 形截面梁纯弯曲时的应变记录与应力计算

T　形　截　面

$E=$　　GPa，$a=$　　mm，$B=$　　mm，$H=$　　mm，$b=$　　mm，$h=$　　mm

应变（$\mu\varepsilon$） 载荷（kN）		1—1 点 $y=$　　mm		2—2 点 $y=$　　mm		3—3 点 $y=$　　mm		4—4 点 $y=$　　mm		5—5 点 $y=$　　mm	
载荷	增量	应变	增量	应变	增量	应变	增量	应变	增量	应变	增量
$\overline{\Delta P}=$　　N											
$\Delta\sigma_{实}=$　　MPa											
$\Delta\sigma_{理}=$　　MPa											
误差=　　%											

六、思考题

(1) 影响试验结果准确性的主要因素是什么?

(2) 弯曲正应力的大小是否受弹性模量 E 的影响?

(3) 实验时没有考虑梁的自重，会引起误差吗? 为什么?

(4) 梁弯曲的正应力公式并未涉及材料的弹性模量 E，而实测应力值的计算却用上了弹性模量 E，为什么?

第二节 弯扭组合电测实验

一、实验目的

(1) 用电测法测定平面应力状态下主应力的大小和方向，并与理论值进行比较。

(2) 测定薄壁圆筒在弯扭组合变形作用下的弯矩和扭矩。

(3) 测定薄壁圆筒在弯扭组合变形作用下的弯曲正应力与扭转切应力。

(4) 进一步掌握电测法。

二、实验装置

薄壁圆筒受载荷 P 作用，使圆筒发生弯曲与扭转组合变形（图 3-4)。圆筒上测点 m 处于平面应力状态。在 m 点单元体上作用有由弯矩引起的正应力 σ 和由扭矩引起的剪应力 τ。主应力是一对拉应力 σ_1 和一对压应力 σ_3。

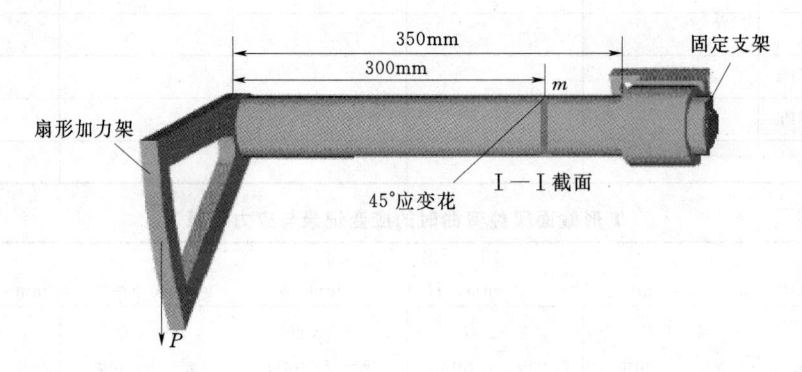

图 3-4 弯扭组合实验装置

三、实验原理与方法

根据图 3-4 所示结构，分析受力模型及测点的应力状态如图 3-5 所示。

测点 m 的正应力与切应力分别为

$$\sigma=\frac{M}{W_z} \tag{3-4}$$

$$\tau=-\frac{M_N}{W_p} \tag{3-5}$$

式中：M 为弯矩，$M=Pl$；M_N 为扭矩，$M_N=Pa$；W_z 为抗弯截面模量，对空心圆筒 $W_z=\frac{\pi D^3}{32}\left[1-\left(\frac{d}{D}\right)^4\right]$；$W_p$ 为抗扭截面模量，对空心圆筒 $W_p=\frac{\pi D^3}{16}\left[1-\left(\frac{d}{D}\right)^4\right]$。

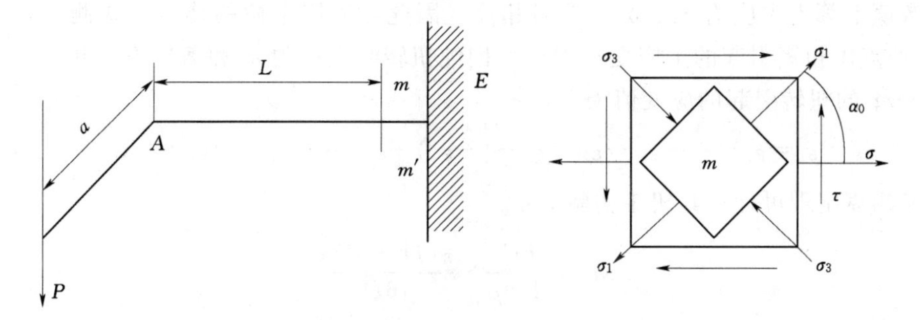

图 3-5　薄壁圆筒受力图及测点 m 的应力状态图

其主应力与主方向由二向应力状态理论分析，可得

$$\left.\begin{matrix}\sigma_1\\ \sigma_3\end{matrix}\right\}=\frac{\sigma}{2}\pm\sqrt{\left(\frac{\sigma}{2}\right)^2+\tau^2} \tag{3-6}$$

$$\tan 2\alpha_0=\frac{-2\tau}{\sigma} \tag{3-7}$$

1. 测定主应力大小和方向

本实验采用的是 45°直角应变花，通过测量 m 点三个方向的应变，计算测点的主应力及主方向。具体方法是：在薄壁圆筒的上下 m、m' 点各贴一组应变花（图 3-6），应变花上三个应变片的 α 角分别为 $-45°$、$0°$、$45°$，根据广义胡克定律应力与应变关系的计算，该点主应力和主方向可分别由应变表示。计算表达式分别为

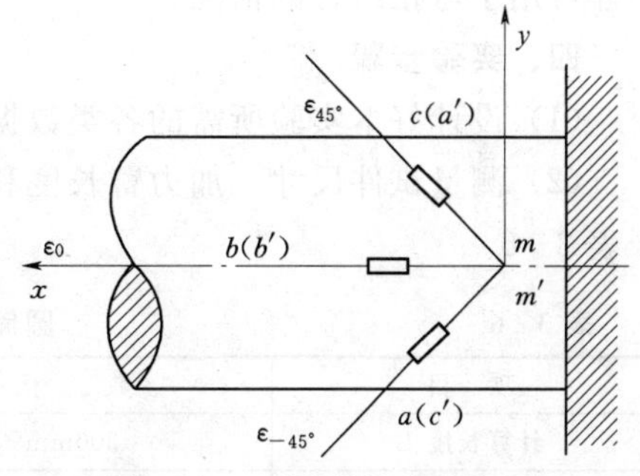

图 3-6　测点的直角应变花

$$\left.\begin{matrix}\sigma_1\\ \sigma_3\end{matrix}\right\}=\frac{E(\varepsilon_{45°}+\varepsilon_{-45°})}{2(1-\mu)}\pm\frac{\sqrt{2}E}{2(1+\mu)}\sqrt{(\varepsilon_{45°}-\varepsilon_{0°})^2+(\varepsilon_{-45°}-\varepsilon_{0°})^2} \tag{3-8}$$

$$\tan 2\alpha_0=\frac{\varepsilon_{45°}-\varepsilon_{-45°}}{2\varepsilon_{0°}-\varepsilon_{-45°}-\varepsilon_{45°}} \tag{3-9}$$

2. 测定弯矩

薄壁圆筒虽为弯扭组合变形，但 m 和 m' 两点沿 x 方向只有因弯曲引起的拉伸和压缩应变，且两应变等值但符号相反。因此将 m 和 m' 两点应变片 b 和 b' 采用半桥连接方式测量，即可得到 m 和 m' 两点由弯曲引起的轴向应变 $\varepsilon_M=\varepsilon_b$，其测量值为

$$\varepsilon_d=(\varepsilon_b+\varepsilon_t)-(-\varepsilon_{b'}+\varepsilon_t)=2\varepsilon_b=2\varepsilon_M \tag{3-10}$$

则截面 $m—m'$ 的弯矩值为

$$M=E\varepsilon_M W_z=\frac{E\pi(D^4-d^4)}{32D}\varepsilon_M \tag{3-11}$$

3. 测定扭矩

当薄壁圆筒受纯扭转时，m 和 m' 两点 45°方向和 $-45°$方向的应变片都是沿主应力方

向，且数值上等于主应力 σ_1、σ_3，符号相反。因此，采用全桥的连接方式测量，可得到 m 和 m' 两点由扭矩引起的主应变 $\varepsilon_1=\varepsilon_N$。因纯扭转时主应力 σ_1 和剪应力 τ 相等，可得到截面 m—m' 的扭转引起的应变值为

$$\varepsilon_d=\varepsilon_a-\varepsilon_c+\varepsilon_{a'}-\varepsilon_{c'}=\varepsilon_1-(-\varepsilon_1)+\varepsilon_1-(-\varepsilon_1)=4\varepsilon_1=4\varepsilon_N \tag{3-12}$$

根据广义胡克定理可计算其扭矩实验值：

$$M_N=\frac{E\varepsilon_N}{1+\mu}\times\frac{\pi(D^4-d^4)}{16D} \tag{3-13}$$

当前的实验是弯扭组合，在上述四个应变片的应变中增加弯曲引起的应变，代入全桥连接的应变计算后将相互抵消，仍然得出与纯扭转一样的结果，因而上述测定扭矩的方法一样可用于弯扭组合的情况。

四、实验步骤

（1）设计好本实验所需的各类数据表格。

（2）测量试件尺寸、加力臂长度和测点距力臂的距离，确定试件有关参数。数据记录于表 3-6。

表 3-6　圆筒的尺寸和有关参数

项　目	数　值	项　目	数　值
计算长度 L	300mm	扇臂长度 a	250mm
外径 D	39.9mm	弹性模量 E	70～71GPa
内径 d	34.3mm	泊松比 μ	0.33

（3）将薄壁圆筒上的应变片按不同测试要求接到仪器上，组成不同的测量桥路。调整好仪器，检查整个测试系统是否处于正常工作状态。

1）主应力大小、方向测定。将 m 点的所有应变片按半桥单臂、公共温度补偿法组成测量线路进行测量。数据记录于表 3-7。

2）测定弯矩。将 m 和 m' 两点的 b 和 b' 两只应变片按半桥双臂组成测量线路进行测量（$\varepsilon_M=\varepsilon_d/2$）。数据记录于表 3-8。

3）测定扭矩。将 m 和 m' 两点的 a、c 和 a'、c' 四只应变片按全桥方式组成测量线路进行测量（$\varepsilon_N=\varepsilon_d/4$）。数据记录于表 3-9。

（4）拟定加载方案。先选取适当的初载荷 P_0（一般取 $P_0\approx10\%P_{max}$），估算 P_{max}（该实验载荷 $P_{max}\leqslant400\text{N}$），分 4～6 级加载。

（5）根据加载方案，调整好实验加载装置。

（6）加载。均匀缓慢加载至初载荷 P_0，记下各点应变的初始读数。然后分级等增量加载，每增加一级载荷，依次记录各点电阻应变片的应变值，直到最终载荷。实验至少重复两次。

（7）做完实验后，卸掉载荷，关闭电源，整理好所用仪器设备，清理实验现场，将所用仪器设备复原，检查实验数据的合理性与完整性。

（8）实验装置中，圆筒的管壁很薄，为避免损坏装置，注意切勿超载，不能用力扳动圆筒的自由端和力臂。

表 3-7 **m 点三个方向线应变**

载荷 (N)		P	50	100	150	200	250	300
		ΔP	50	50	50	50	50	
电阻应变仪读数 (×10⁻⁶)	45°	ε						
		Δε						
		平均值						
	0°	ε						
		Δε						
		平均值						
	−45°	ε						
		Δε						
		平均值						

表 3-8 **$m—m'$截面弯曲应变**

载荷 (N)		P	50	100	150	200	250	300
		ΔP						
应变仪读数 (×10⁻⁶)	弯矩 ε_M	ε_d						
		ε_M						
		$\Delta\varepsilon_M$						
		平均值						

表 3-9 **$m—m'$截面扭矩应变**

载荷 (N)		P	50	100	150	200	250	300
		ΔP						
应变仪读数 (×10⁻⁶)	扭矩 ε_N	ε_d						
		ε_N						
		$\Delta\varepsilon_N$						
		平均值						

五、实验结果处理

1. 主应力及方向

m 点实测值主应力及方向计算

$$\left.\begin{matrix}\sigma_1\\ \sigma_3\end{matrix}\right\}=\frac{E(\overline{\varepsilon_{45^\circ}}+\overline{\varepsilon_{-45^\circ}})}{2(1-\mu)}\pm\frac{\sqrt{2}E}{2(1+\mu)}\sqrt{(\overline{\varepsilon_{45^\circ}}-\overline{\varepsilon_{0^\circ}})^2+(\overline{\varepsilon_{-45^\circ}}-\overline{\varepsilon_{0^\circ}})^2}$$

$$\tan 2\alpha_0=\frac{(\overline{\varepsilon_{45^\circ}}-\overline{\varepsilon_{-45^\circ}})}{2\overline{\varepsilon_{0^\circ}}-\overline{\varepsilon_{45^\circ}}-\overline{\varepsilon_{-45^\circ}}}$$

m 点理论值主应力及方向计算

$$\left.\begin{matrix}\sigma_1\\ \sigma_3\end{matrix}\right\}=\frac{\sigma}{2}\pm\sqrt{\left(\frac{\sigma}{2}\right)^2+\tau^2}$$

$$\tan 2\alpha_0 = \frac{-2\tau}{\sigma}$$

2. 弯矩及扭矩

m—m'实测值弯曲正应力及扭转剪应力计算

弯曲应力 $$\sigma_M = E\Delta\overline{\varepsilon_M}$$

切应力 $$\tau = -\sigma_1 = -\frac{E}{1+\mu}\Delta\overline{\varepsilon_N}$$

弯矩 $$M = E\varepsilon_M W_z = \frac{E\pi(D^4-d^4)}{32D}\Delta\overline{\varepsilon_M}$$

扭矩 $$M_N = \frac{E}{1+\mu}\frac{\pi(D^4-d^4)}{16D}\overline{\Delta\varepsilon_N}$$

m—m'理论值弯曲应力及剪应力计算

弯曲应力 $$\sigma = \frac{M}{W_z} = \frac{M}{\dfrac{\pi(D^4-d^4)}{32D}}$$

剪应力 $$\tau = -\frac{M_N}{W_p} = -\frac{M_N}{\dfrac{\pi(D^4-d^4)}{16D}}$$

弯矩 $$M = \Delta Pl$$

扭矩 $$M_N = \Delta Pa$$

3. 实验值与理论值比较

根据式（3－19）理论计算的主应力与根据表3－7测量的m点3个方向的应变值由式（3－21）计算得到实验主应力进行比较，计算结果参考表3－10；弯矩与扭转的理论值与实验值结果比较参考表3－11。

表3－10 主应力主方向的理论值与实验值比较

比较内容	实验值	理论值	相对误差(%)
$\Delta\sigma_1$(MPa)			
$\Delta\sigma_3$(MPa)			
α_0(°)			
$\Delta\sigma$(MPa)			
$\Delta\tau$(MPa)			

表3－11 m—m'弯矩和扭矩的理论值与实验值比较

比较内容	实验值	理论值	相对误差(%)
ΔM(N·m)			
ΔM_N(N·m)			

注 使用等增量法计算。

六、思考题

（1）测量单一内力分量引起的应变，可以采用哪几种桥路接线法？

（2）主应力测量中，45°直角应变花是否可沿任意方向粘贴？

（3）对测量结果进行分析讨论，误差的主要原因是什么？

第四章 选 做 实 验

第一节 冲 击 实 验

一、实验目的

（1）测定低碳钢的冲击性能指标：冲击韧度 α_k。

（2）测定灰铸铁的冲击性能指标：冲击韧度 α_k。

（3）比较低碳钢与灰铸铁的冲击性能指标和破坏情况。

二、实验设备和仪器

（1）冲击试验机。

（2）游标卡尺。

三、实验试样

按照国家标准 GB/T 229—2007《金属材料　夏比摆锤冲击试验方法》，金属冲击试验所采用的标准冲击试样为 10mm×10mm×55mm 并开有 2mm 或 5mm 深的 U 形缺口的冲击试样（图 4-1）以及 45°张角 2mm 深的 V 形缺口冲击试样（图 4-2）。

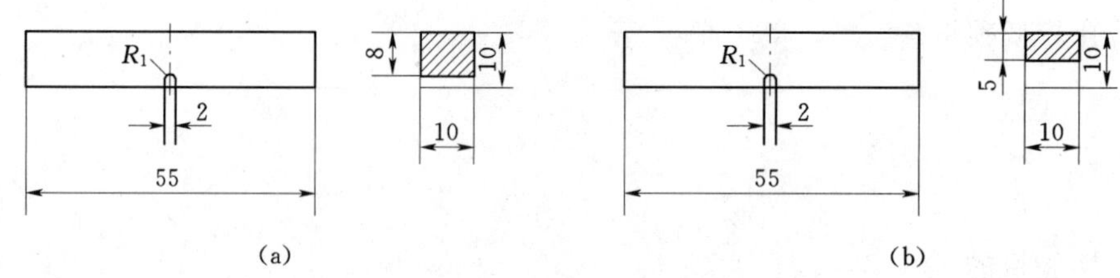

图 4-1　夏比 U 形冲击试样（单位：mm）

（a）深度为 2mm；（b）深度为 5mm

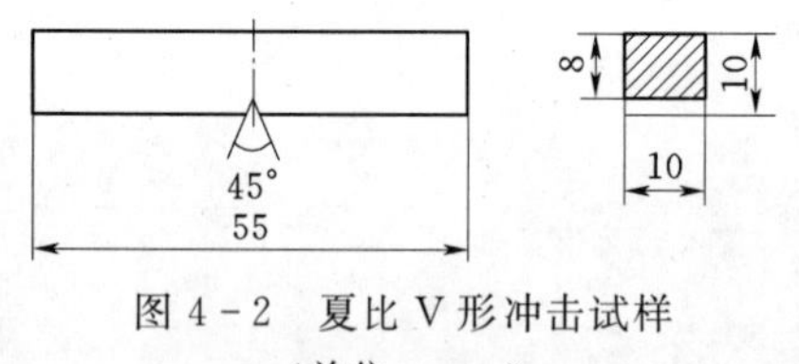

图 4-2　夏比 V 形冲击试样（单位：mm）

如不能制成标准试样，则可采用宽度为 7.5mm 或 5mm 等小尺寸试样，其他尺寸与相应缺口的标准试样相同，缺口应开在试样的窄面上。

冲击试样的底部应光滑，试样的公差、表面粗糙度等加工技术要求参见国家标准 GB/T 229—2007。

四、实验原理与方法

使摆锤从一定的高度自由落下，撞断试样。若摆锤重量为 W，冲击中摆锤质心高度由 H_0 变为 H_1，势能的变化为 $W(H_0-H_1)$，等于冲断试样所消耗了功 K，功的绝大部分被缺口局部吸收。

读取试样在被撞断过程中所吸收的能量 K，冲击韧度为

$$\alpha_K=\frac{K}{A} \tag{4-1}$$

式中：A 为试样在断口处的横截面面积；K 为指针示出的能量值。注：用字母 V 和 U 表

示缺口几何形状，用下标数字 2 或 8 表示摆锤刀刃半径，例如 KV_2。

五、实验步骤

（1）了解冲击试验机的操作规程和注意事项。

（2）测量试样的尺寸。

（3）将试样安装好。注意在安装试样时，不得将摆锤抬起。

（4）将摆锤抬起，使操纵手柄置于“预备”位置，销住摆锤，注意在摆动范围内不得有人和任何障碍物。

（5）将手柄迅速推至“冲击”位置，使摆锤摆动一次后将手柄推至“制动位置”。

（6）记录冲断试样所需要的能量，取出被冲断的试样。

六、实验数据的记录与计算

冲击实验数据的记录与计算可参考表 4－1。

表 4－1　　测定低碳钢和灰铸铁的冲击性能指标试验的数据记录与计算

材　　料	U 形缺口在 2mm 摆锤刀刃下的冲击吸收能量 KU_2	V 形缺口试样在 2mm 摆锤刀刃下的冲击吸收能量 KV_2	冲击韧性 α_K
低碳钢			
灰铸铁			

七、思考题

（1）为什么冲击试样要有切槽？

（2）比较低碳钢与灰铸铁的冲击破坏特点。

第二节　材料弹性常数 E、μ 的测定

一、实验目的

(1) 测定常用金属材料的弹性模量 E 和泊松比 μ。

(2) 验证胡克定律。

(3) 进一步掌握电测应力的方法以及电桥的几种接法。

二、实验设备和仪器

(1) 组合实验台中拉伸装置。

(2) 力及应变综合参数测试仪。

(3) 游标卡尺、钢板尺。

三、实验原理和方法

试件采用矩形截面试件，电阻应变片布片方式如图 4－3 所示。在试件中央截面上，沿前后两面的轴线方向对称地贴一对轴向应变片 R_1、R_1' 和一对横向应变片 R_2、R_2'，以测量轴向应变 ε 和横向应变 ε'。

1. 弹性模量 E 的测定

由于实验装置和安装初始状态的不稳定性，拉伸曲线的初始阶段往往是非线性的。为了尽可能减小测量误差，实验宜从一初载荷 P_0（$P_0 \neq 0$）开始，采用增量法分级加载，

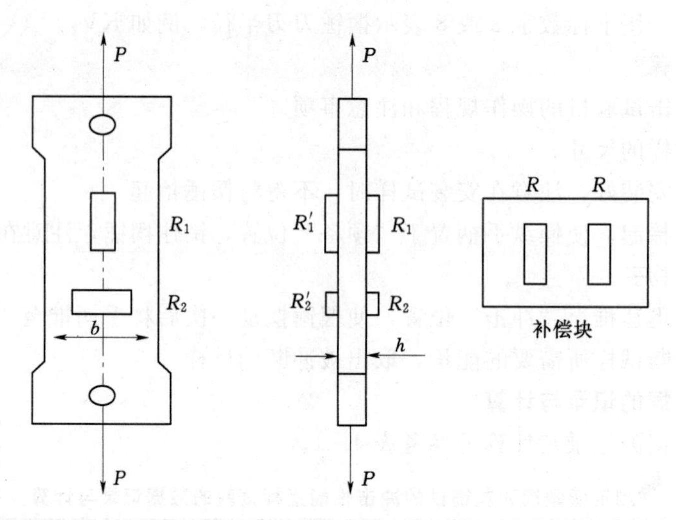

图 4-3　拉伸试件及布片图

分别测量在各相同载荷增量 ΔP 作用下，产生的应变增量 $\Delta\varepsilon$，并求出 $\Delta\varepsilon$ 的平均值。设试件初始横截面面积为 A，则有

$$E=\frac{\Delta P}{A\,\overline{\Delta\varepsilon}} \tag{4-2}$$

式中：A 为试件截面面积；$\overline{\Delta\varepsilon}$为轴向应变增量的平均值。

式（4-2）即为增量法测 E 的计算公式。

用上述试件测 E 时，合理地选择组桥方式可有效地提高测试灵敏度和实验效率。下面讨论几种常见的组桥方式。

（1）单臂测量［图 4-4（a）］。实验时，在一定载荷条件下，分别对前、后两枚轴向应变片进行单片测量，并取其平均值$\bar{\varepsilon}=(\varepsilon+\varepsilon')/2$。$\bar{\varepsilon}$消除了偏心弯曲引起的测量误差。

（2）轴向应变片串联后的单臂测量［图 4-4（b）］。为消除偏心弯曲的影响，可将前后两轴向应变片串联后接在同一桥臂（AB）上，而邻臂（BC）接相同阻值的补偿片。假设存在偏心弯矩的影响，电阻变化由拉伸与弯曲引起，两枚轴向应变片的电阻变化分别为 $\Delta R_1=\Delta R_{1p}+\Delta R_{1M}$，$\Delta R'_1=\Delta R'_{1p}-\Delta R'_{1M}$，$\Delta R_{1p}$、$\Delta R'_{1p}$为拉力引起的电阻变化，$\Delta R_{1M}$、$\Delta R'_{1M}$为偏心弯曲引起的电阻变化，因 ΔR_M 与 $\Delta R'_M$等值而符号相反，串联后则弯曲影响消除。R_1 与 R'_1等值，根据桥路原理，AB 桥臂有

$$\frac{\Delta R}{R}=\frac{\Delta R_1+\Delta R'_1}{R_1+R'_1}=\frac{\Delta R_{1p}+\Delta R_{1M}+\Delta R'_{1p}-\Delta R'_{1M}}{R_1+R'_1}=\frac{\Delta R_1}{R_1}$$

因此轴向应变片串联后，偏心弯曲的影响自动消除，而应变仪的读数就等于试件的应变即

$$\varepsilon_d=\varepsilon_p \tag{4-3}$$

很显然这种测量方法没有提高测量灵敏度。

（3）串联后的半桥测量［图 4-4（c）］。将两轴向应变片串联后接 AB 桥臂，两横行应变片串联后接 BC 桥臂，偏心弯曲的影响可自动消除，而温度影响也可自动补偿。根据桥路原理

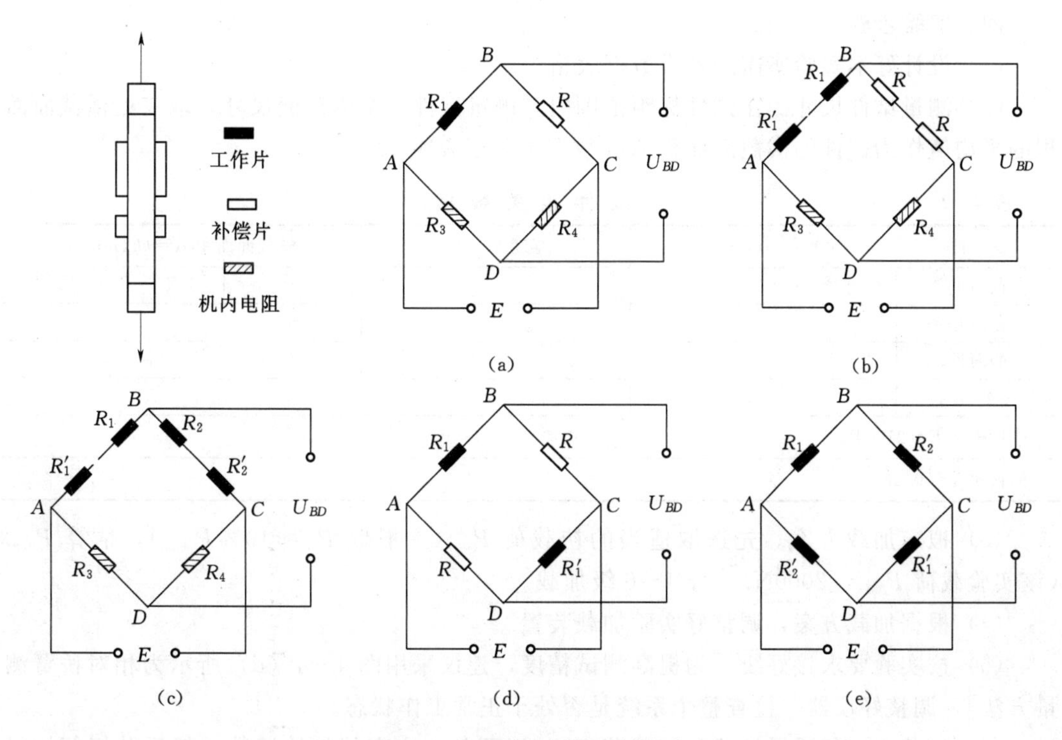

图 4-4　几种不同的组桥方式

(a) 半桥单臂测量法；(b) 半桥单臂串联法；(c) 半桥双臂串联法；(d) 全桥对臂法；(e) 全桥测量法

$$\varepsilon_d=\varepsilon_1-\varepsilon_2-\varepsilon_3+\varepsilon_4 \tag{4-4}$$

其中 $\varepsilon_1=\varepsilon_p$，$\varepsilon_2=-\mu\varepsilon_p$，$\varepsilon_p$ 为轴向应变，μ 为材料的泊松比。由于 ε_3、ε_4 为零，故电阻应变仪的读数应为

$$\varepsilon_d=(1+\mu)\varepsilon_p \tag{4-5}$$

如果材料的泊松比已知，这种组桥方式使测量灵敏度提高原来的 $(1+\mu)$ 倍。

(4) 对称桥臂测量［图 4-4 (d)］。将两轴向应变片分别接在电桥的相对两臂（AB、CD）上，两温度补偿片接在相对桥臂（BC、DA）上，偏心弯曲的影响可自动消除。根据桥路原理

$$\varepsilon_d=2\varepsilon_p \tag{4-6}$$

测量灵敏度提高为原来的 2 倍。

(5) 全桥测量。如图［4-4 (e)］所示，将 R_1、R_1'、R_2、R_2' 4 个应变片分别接在各桥臂上，如图 4-4 (e) 所示。根据桥路原理，计算其测量灵敏度。

2. 泊松比 μ 的测定

利用试件上的横向应变片和纵向应变片合理组桥，是为了尽可能减小测量误差。实验宜从初载荷 $P_0(P_0\neq0)$ 开始，采用增量法，分级加载，分别测量在各相同载荷增量 ΔP 作用下，产生的横向应变增量 $\Delta\varepsilon'$ 和轴向应变增量 $\Delta\varepsilon$。求出平均值，按定义便可求得泊松比 μ。

$$\mu=\left|\frac{\Delta\varepsilon'}{\Delta\varepsilon}\right| \tag{4-7}$$

四、实验步骤

（1）设计好本实验所需的各类数据表格。

（2）测量试件尺寸。在试件标距范围内，测量试件三个横截面尺寸，取三处横截面面积的平均值作为试件的横截面面积 A。数据记录于表 4-2。

表 4-2　试件相关数据

试　件	厚度 h(mm)	宽度 b(mm)	横截面面积 $A=bh$(mm^2)
截面Ⅰ			
截面Ⅱ			
截面Ⅲ			
平均			
弹性模量 $E=210$GPa			
泊松比 $\mu=0.28$			

（3）拟定加载方案。先选取适当的初载荷 P_0（一般取 $P_0 \approx 10\% P_{max}$），估算 P_{max}（该实验载荷 $P_{max} \leqslant 2000$N），分 4～6 级加载。

（4）根据加载方案，调整好实验加载装置。

（5）按实验要求接好线［为提高测试精度，建议采用图 4-4（d）所示为相对桥臂测量方法］，调整好仪器，检查整个系统是否处于正常工作状态。

（6）加载。均匀缓慢加载至初载荷 P_0，记下各点应变的初始读数。然后分级等增量加载，每增加一级载荷，依次记录各点电阻应变片的应变值，直到最终载荷。实验至少重复两次。半桥单臂测量数据表格可参考表 4-3，其他组桥方式实验表格可根据实际情况自行设计。

表 4-3　半桥单臂测量数据的记录与计算

载　荷 (N)	P	400	800	1200	1600	2000	
	ΔP						
轴向应变读数 $1\times10^{-6}\varepsilon$	ε_1						
	$\Delta\varepsilon_1$						
	$\Delta\varepsilon_1$ 平均值						
	ε'_1						
	$\Delta\varepsilon'_1$						
	$\Delta\varepsilon'_1$ 平均值						
$\Delta\varepsilon_{1平均值}\Delta\varepsilon_{1平均值'}$ 平均值							
横向应变读数 $1\times10^{-6}\varepsilon$	ε_2						
	$\Delta\varepsilon_2$						
	$\Delta\varepsilon_2$ 平均值						
	ε'_2						
	$\Delta\varepsilon'_2$						
	$\Delta\varepsilon'_2$ 平均值						
$\Delta\varepsilon_{2平均值}\Delta\varepsilon_{2平均值'}$ 平均值							

（7）做完试验后，卸掉载荷，关闭电源，整理好所用仪器设备，清理实验现场，将所用仪器设备复原，检查数据的合理性及完整性。

五、实验结果处理

1. 弹性模量计算

$$E=\frac{\Delta P}{A\ \overline{\Delta\varepsilon}}$$

2. 泊松比计算

$$\mu=\left|\frac{\Delta\varepsilon'}{\Delta\varepsilon}\right|$$

六、思考题

（1）分析若轴、横向应变片粘贴不准，会对测试结果产生怎样的影响。

（2）将实验测得的 $E_{实}$、$\mu_{实}$ 与已知 $E_{理}$、$\mu_{理}$ 作对比，分析误差原因。

（3）采用什么措施可消除偏心弯曲的影响？

第三节　偏 心 拉 伸 实 验

一、实验目的

（1）测定偏心拉伸时最大正应力，验证叠加原理的正确性。

（2）分别测定偏心拉伸时由拉力和弯矩所产生的应力。

（3）测定偏心距。

（4）进一步掌握电桥测量方法。

二、实验设备和仪器

（1）组合实验台及偏心拉伸部件。

（2）力及应变综合参数测试仪。

（3）游标卡尺、钢板尺。

三、实验原理和方法

偏心拉伸试件，在外载荷作用下，其轴力 $F_N=P$，弯矩 $M=Pe$，其中 e 为偏心距。根据叠加原理，得横截面上的应力为单向应力状态，其理论计算公式为拉伸应力和弯矩正应力的代数和。两侧的应力分别为

$$\sigma_1=\frac{P}{A}+\frac{6M}{hb^2} \tag{4-8}$$

$$\sigma_2=\frac{P}{A}-\frac{6M}{hb^2} \tag{4-9}$$

偏心拉伸试件及应变片的布置方法如图 4-5 所示，R_1 和 R_2 分别为试件两侧的两个对称点。两个应变片的应变分别为

$$\varepsilon_1=\varepsilon_p+\varepsilon_M \tag{4-10}$$

$$\varepsilon_2=\varepsilon_p-\varepsilon_M \tag{4-11}$$

式中：ε_p 为轴力引起的拉伸线应变；ε_M 为弯矩引起的线应变。

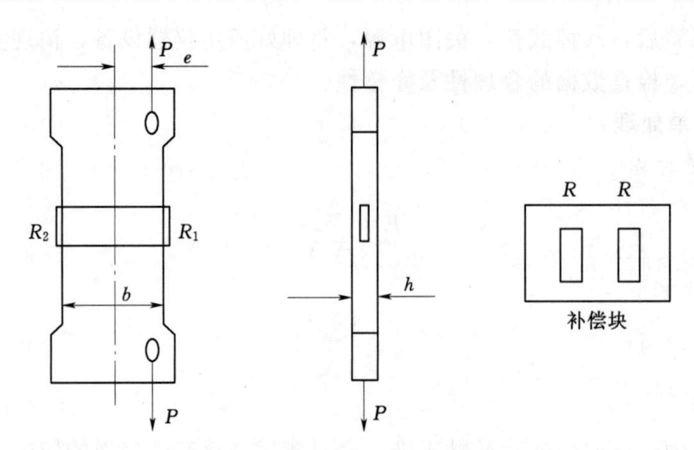

图 4-5 偏心拉伸试件及布片图

根据桥路原理，采用不同的组桥方式，即可分别测出与轴向力及弯矩有关的应变值。从而进一步求得弹性模量 E、偏心距 e 、最大正应力和分别由轴力、弯矩产生的应力。

测量时可直接采用半桥单臂方式测出 R_1 和 R_2 受力产生的应变值 ε_1 和 ε_2，通过式(4-10)、式(4-11)计算出轴力引起的拉伸应变 ε_p 和弯矩引起的应变 ε_M。也可采用邻臂桥路接法直接测出弯矩引起的应变 ε_M，采用此接桥方式不需温度补偿片，接线如图 4-6 (a) 所示。采用对臂桥路接法可直接测出轴向力引起的应变 ε_p，采用此接桥方式需加温度补偿片，接线如图 4-6 (b) 所示。

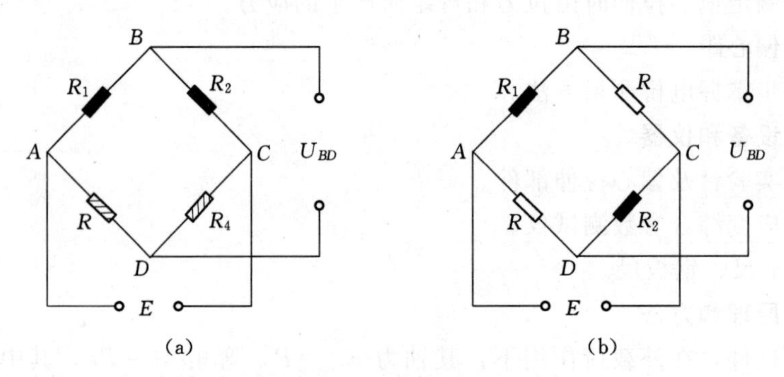

图 4-6 偏心拉伸的组桥方式

(a) 半桥邻臂接线法（双臂）；(b) 全桥对臂接线法

采用邻臂桥路接法可直接测出弯矩引起的应变 ε_M

$$\varepsilon_d=\varepsilon_1-\varepsilon_2=\varepsilon_p+\varepsilon_M+\varepsilon_t-(\varepsilon_p-\varepsilon_M+\varepsilon_t)=2\varepsilon_M \tag{4-12}$$

采用对臂桥路接法可直接测出轴向力引起的应变 ε_p

$$\varepsilon_d=\varepsilon_1-\varepsilon_2-\varepsilon_3+\varepsilon_4=\varepsilon_p+\varepsilon_M+\varepsilon_t-\varepsilon_t-\varepsilon_t+(\varepsilon_p-\varepsilon_M+\varepsilon_t)=2\varepsilon_p \tag{4-13}$$

四、实验步骤

(1) 设计好本实验所需的各类数据表格。

(2) 测量试件尺寸。在试件标距范围内，测量试件三个横截面尺寸，取三处横截面面积的平均值作为试件的横截面积 A。数据记录于表 4-4。

(3) 拟定加载方案。先选取适当的初载荷 P_0（一般取 $P_0\approx10\%P_{\max}$），估算 $P_{\max}$

(该实验载荷 $P_{max} \leqslant 1000N$),分 4～6 级加载。

(4) 根据加载方案,调整好实验加载装置。

(5) 按实验要求接好线,调整好仪器,检查整个系统是否处于正常工作状态。

(6) 加载。均匀缓慢加载至初载荷 P_0,记下各点应变的初始读数。然后分级等增量加载,每增加一级载荷,依次记录应变值 ε_p 和 ε_M,直到最终载荷。实验至少重复两次。表 4－5 为半桥单臂桥路测量数据表格,采用半桥邻臂与全桥对臂桥路测量数据记录与计算可参考表 4－6。

(7) 作完试验后,卸掉载荷,关闭电源,整理好所用仪器设备,清理实验现场,将所用仪器设备复原,检查数据是否合理。

表 4－4　试件相关数据

试　件	厚度 h(mm)	宽度 b(mm)	横截面面积 $A=bh$(mm^2)
截面Ⅰ			
截面Ⅱ			
截面Ⅲ			
平均			
弹性模量 $E=210GPa$			
泊松比 $\mu=0.28$			
偏心距 $e=10mm$			

表 4－5　半桥单臂桥路的测量数据记录与计算

载　荷 (N)	P						
	ΔP						
应变仪读数 ε ($\times 10^{-6}$)	ε_1						
	$\Delta\varepsilon_1$						
	平均值						
	ε_2						
	$\Delta\varepsilon_2$						
	平均值						

表 4－6　半桥邻臂与全桥对臂桥路的测量数据记录与计算

载　荷 (N)	P						
	ΔP						
应变仪读数 ε ($\times 10^{-6}$)	ε_M						
	$\Delta\varepsilon_M$						
	平均值						
	ε_p						
	$\Delta\varepsilon_p$						
	平均值						

五、实验结果处理

1. 求弹性模量 E

$$\Delta\varepsilon_p = \frac{\Delta\varepsilon_1 + \Delta\varepsilon_2}{2}$$

$$E = \frac{\Delta P}{A\Delta\varepsilon_p}$$

2. 求偏心距 e

$$\Delta\varepsilon_M = \frac{\Delta\varepsilon_1 - \Delta\varepsilon_2}{2}$$

$$e = \frac{Ehb^2}{6\Delta P}\Delta\varepsilon_M$$

3. 应力计算

理论值

$$\sigma_1 = \frac{\Delta P}{A} + \frac{6\Delta M}{hb^2} = \frac{\Delta P}{A} + \frac{6\Delta Pe}{hb^2}$$

$$\sigma_2 = \frac{\Delta P}{A} - \frac{6\Delta M}{hb^2} = \frac{\Delta P}{A} - \frac{6\Delta Pe}{hb^2}$$

实验值

$$\sigma_1 = E\varepsilon_1 = E(\Delta\varepsilon_p + \Delta\varepsilon_M)$$

$$\sigma_2 = E\varepsilon_2 = E(\Delta\varepsilon_p - \Delta\varepsilon_M)$$

六、思考题

分析比较直接测量 ε_1、ε_2 再计算 ε_p、ε_M 与分别测量 ε_p、ε_M 再计算 ε_1、ε_2 的差别，看看哪种测量方法精度更高。

第四节 压杆稳定实验

一、实验目的

（1）用电测法测定两端铰支压杆的临界载荷 P_{cr}，并与理论值进行比较，验证欧拉公式。

（2）观察两端铰支压杆丧失稳定的现象。

二、实验设备和仪器

（1）材料力学组合实验台中压杆稳定实验部件。

（2）力及应变综合参数测试仪。

（3）游标卡尺、钢板尺。

三、实验原理和方法

对于两端铰支。中心受压的细长杆，其临界力可按欧拉公式计算

$$P_{cr} = \frac{\pi^2 EI_{\min}}{l^2} \tag{4-14}$$

式中：$I_{\min}$为杠杆横截面的最小惯性矩，$I_{\min}=\dfrac{bh^3}{12}$；$l$ 为压杆的计算长度。

测定 P_{cr}时，可采用本材料力学多功能试验装置中压杆稳定试验部件。该装置上、下支座为 V 形槽口，将带有圆弧尖端的压杆装入支座中，在外力的作用下，通过能上下活动的上支座对压杆施加载荷。压杆变形时，两端能自由地绕 V 形槽口转动，即相当于两端铰支的情况。利用电测法在压杆中央两侧各贴一枚应变片 R_1和 R_2，如图 4－7（a）所示。假设压杆受力后如图 4－7（a）所示向右弯曲，以 ε_1和 ε_2分别表示应变片 R_1和 R_2 两点的应变值。此时，ε_1是由轴向压应变与弯曲产生的拉应变之代数和，ε_2则是由轴向压应变与弯曲产生的压应变之代数和。

图 4－7（b）中 AB 水平线与 P 轴相交的 P 值，即为依据欧拉公式计算所得的临界力 P_{cr}的值。在 A 点之前，当 $P<P_{cr}$时压杆始终保持直线形式，处于稳定平衡状态。在 A 点，$P=P_{cr}$时，标志着压杆丧失稳定平衡的开始，压杆可在微弯的状态下维持平衡。在 A 点之后，当 $P>P_{cr}$时压杆将丧失稳定而发生弯曲变形。因此，P_{cr}是压杆由稳定平衡过渡到不稳定平衡的临界力。

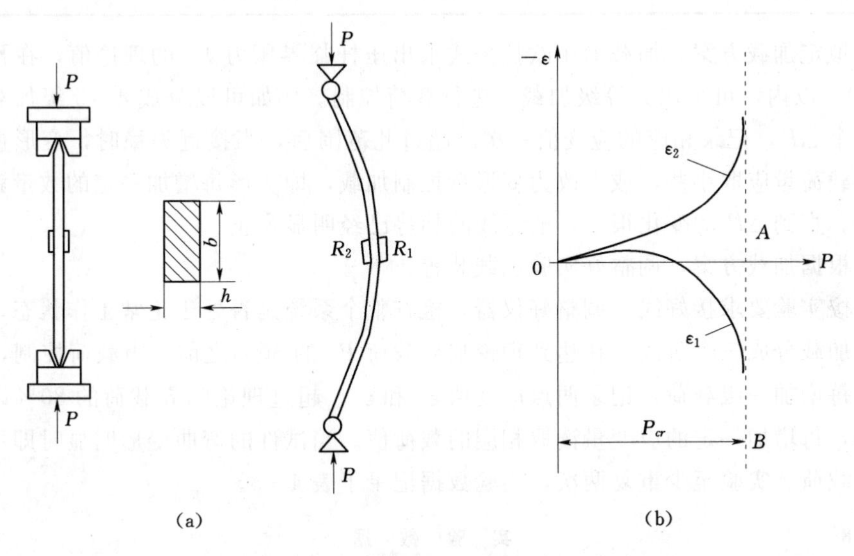

图 4－7　压杆弯曲状态与 P—ε 曲线

（a）压杆受力及弯曲状态；（b）压杆受压时的载荷应变图

实际实验中的压杆，由于不可避免地受到初曲率、材料不均匀和载荷偏心等因素的影响，因此，在 P 远小于 P_{cr}时，压杆也会发生微小的弯曲变形。只是当 P 接近 P_{cr}时弯曲变形会突然增大，而丧失稳定。

当 $P\ll P_{cr}$时，压杆几乎不发生任何弯曲变形，ε_1和 ε_2均为轴向压缩引起的压应变，两者相等。当载荷 P 增大时，弯曲应变 ε_1则逐渐增大，ε_1和 ε_2的差值也愈来愈大。当载荷 P 接近临界力 P_{cr}时，二者相差更大，而 ε_1变成为拉应变。故无论 ε_1还是 ε_2，当载荷 P 接近临界力 P_{cr}时，均急剧增加。如用横坐标代表载荷 P，纵坐标代表压应变 ε，则压杆的 P－ε 关系曲线如图 4－7（b）所示。从图中可以看出，当 P 接近 P_{cr}时，P－ε_1和 P－ε_2

曲线都接近同一水平渐近线，A 点对应的横坐标大小即为临界压力值。

四、实验步骤

（1）设计好本实验所需的各类数据表格。

（2）测量试件尺寸。在试件标距范围内，测量试件三个横截面尺寸，取三处横截面的宽度 b 和厚度 h，取其平均值用于计算横截面的最小惯性矩 $I_{\min}$，测量数据记录于表 4－7。

表 4－7　　试件相关数据

试件参数及有关资料	截面Ⅰ	截面Ⅱ	截面Ⅲ	平均值
厚度 h(mm)				
宽度 b(mm)				
长度 L(mm)				
最小惯性矩	$I_{\min}=bh^3/12$			
弹性模量	$E=210\text{GPa}$			

（3）拟定加载方案。加载前用欧拉公式求出压杆临界压力 P_{cr} 的理论值，在预估临界力值的 80％以内，可采用大等级加载，进行载荷控制。例如可以分成 4～5 级加载，载荷每增加一个 ΔP，记录相应的应变值一次。超过此范围后，当接近失稳时，变形量快速增加，此时载荷量应取小些，或者改为变形量控制加载，即变形每增加一定的数量就读取相应的载荷。直到 ΔP 的变化很小，渐近线的趋势已经明显为止。

（4）根据加载方案，调整好实验加载装置。

（5）按实验要求接好线，调整好仪器，检查整个系统是否处于正常工作状态。

（6）加载分成三个阶段。在达到理论临界载荷 P_{cr} 的 80％之前，由载荷控制，均匀缓慢加载，每增加一级载荷，记录两点应变值 ε_1 和 ε_2。超过理论临界载荷的 80％以后，由变形控制，每增加一定的应变量读取相应的载荷值。当试件的弯曲变形明显时即可停止加载。卸掉载荷。实验至少重复两次，实验数据记录于表 4－8。

表 4－8　　实 验 数 据

载荷 P（N）	应变仪读数 ε（$\times10^{-6}$）	

（7）做完实验后，逐级卸掉载荷，仔细观察试件的变化，直到试件回弹至初始状态。关闭电源，整理好所用仪器设备，清理实验现场，将所用仪器设备复原。

五、实验结果处理

（1）用方格纸绘出 $P-\varepsilon_1$ 曲线和 $P-\varepsilon_2$ 曲线，并做曲线的水平渐近线，以确定实测临

界力 $P_{cr实}$。

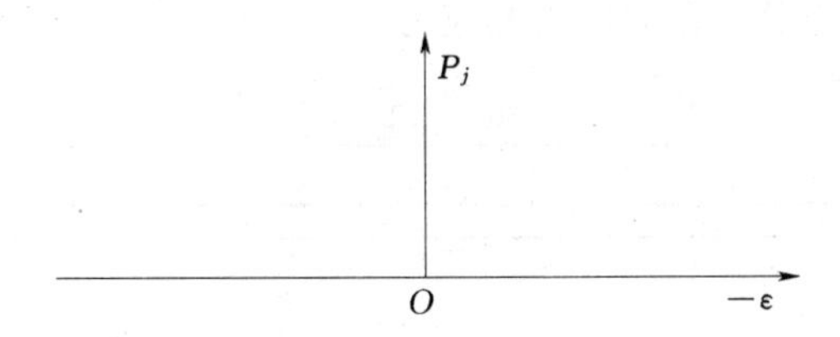

（2）临界力 $P_{cr理}$ 的计算。

试件最小惯性矩
$$I_{\min}=\frac{bh^3}{12}$$

理论临界力
$$P_{cr}=\frac{\pi^2 EI_{\min}}{l^2}$$

（3）进行实验值与理论值的比较（数据列入表 4-9）。

表 4-9　实验值与理论值比较

实验值 $P_{cr实}$(N)	
理论值 $P_{cr理}$(N)	
误差百分率(%) $\lvert P_{cr理}-P_{cr实}\rvert/P_{cr理}$	

六、思考题

（1）简述理论值与实验值存在差别的原因。

（2）压缩实验与压杆稳定实验的目的有何不同?

（3）试件厚度对临界力影响大吗? 为什么?

第五节　等 强 度 梁 实 验

一、实验目的

（1）验证弯曲变形等强度梁理论，即梁各横截面上应变（应力）相等。

（2）进一步掌握各种桥路的测量方法。

二、实验设备和仪器

（1）材料力学组合实验台中等强度悬臂梁实验装置与部件。

（2）力及应变综合参数测试仪。

（3）游标卡尺、钢板尺。

三、实验原理和方法

将试件固定在实验台架上，如图 4-8 所示。梁在弯曲变形时，同一截面上表面产生拉应变，下表面产生压应变，上下表面产生的拉压应变绝对值相等。计算公式

$$\varepsilon=\frac{\sigma}{E}=\frac{M}{EW_z}=\frac{6PL}{Ebh^2}\tag{4-15}$$

式中：P 为梁上所加的载荷；L 为载荷作用点到测试点的距离；E 为弹性模量；b 为梁的测点处的宽度；h 为梁的厚度。

在梁的上下表面分别粘贴上应变片 R_1、R_2、R_3、R_4；如图 4-8 所示，当对梁施加载荷 P 时，梁产生弯曲变形，在梁内引起应力。

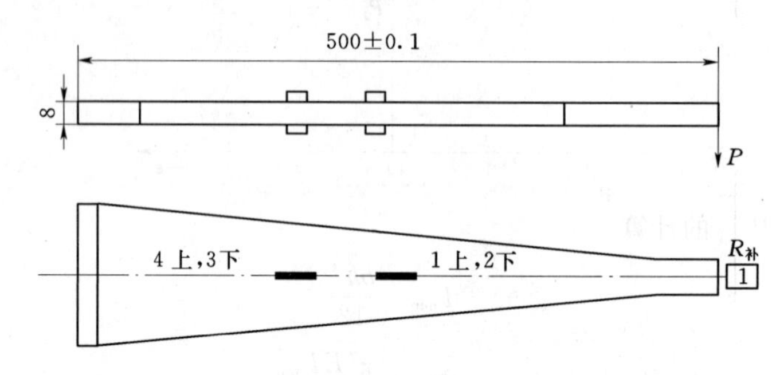

图 4-8 等强度梁外形及应变片分布图

四、实验步骤

（1）设计好本实验所需的各类数据表格。

（2）测量悬臂梁的有关尺寸，测量应变片粘贴处梁的位置尺寸，确定试件有关参数（列入表 4-10）。

表 4-10 试 件 相 关 数 据

梁的尺寸和有关参数	
梁的高度	$h=8$mm
梁上测点 1（2）处的宽度	$b_1=$ mm
梁上测点 3（4）处的宽度	$b_2=$ mm
载荷作用处到测点 1（2）的距离	$L_1=$ mm
载荷作用处到测点 3（4）的距离	$L_2=$ mm
弹性模量	$E=210$GPa

（3）拟定加载方案。选取适当的初载荷 P_0，估算最大载荷 P_{max}（该实验 $P_{max}\leqslant$ 200N)，一般分 4～6 级加载。

（4）实验采用多点测量中半桥单臂公共补偿接线法。将悬臂梁上两个位置的 4 个测点的 4 个应变片按序号接到电阻应变仪测试通道上，温度补偿片接电阻应变仪公共补偿端。

（5）等强度梁的应变测量还有其他方法，如采用半桥双臂测量的方法等。请自行设计数据表格，讨论并制定测量方案，并进行不同的电桥方法对测量结果的影响分析。

（6）按实验要求接好线，调整好仪器，检查整个系统是否处于正常工作状态。

（7）实验加载。均匀慢速加载至初载荷 P_0。记下各点应变片初始读数，然后逐级加载，每增加一级载荷，依次记录各点电阻应变片的 ε_i，直到最终载荷。实验至少重复 3～4 次。实验数据记录于表 4-11。

（8）做完实验后，卸掉载荷，关闭电源，整理好所用仪器设备，清理实验现场，检查数据是否合理、完整。

半桥单臂桥路数据记录与计算见表 4-11。

表 4-11　　实验数据

载荷 (N)	P	40	80	120	160	200	
	ΔP	40	40	40	40		
测点 1、2 处的轴向应变读数 ε（$\times 10^{-6}$）	ε_1						
	$\Delta\varepsilon_1$						
	平均值						
	ε_2						
	$\Delta\varepsilon_2$						
	平均值						
测点 3、4 处的轴向应变读数 ε（$\times 10^{-6}$）	ε_3						
	$\Delta\varepsilon_3$						
	平均值						
	ε_4						
	$\Delta\varepsilon_4$						
	平均值						

五、实验结果处理

1. 理论计算

$$\sigma_{1(2)}=\frac{\Delta M_1}{W_{z1}}=\frac{\Delta P l_1}{\frac{b_1 h^2}{6}}$$

$$\sigma_{3(4)}=\frac{\Delta M_2}{W_{z2}}=\frac{\Delta P l_2}{\frac{b_2 h^2}{6}}$$

2. 实验值计算

$$\sigma_{1(2)}=E\varepsilon_{1(2)}$$

$$\sigma_{3(4)}=E\varepsilon_{3(4)}$$

3. 等强度梁的验证

$$\sigma_{1(2)}=\sigma_{3(4)}$$

4. 误差分析

理论值与实验值比较

$$e=\frac{\sigma_{理}-\sigma_{实}}{\sigma_{理}}\times 100\%$$

两个位置的测点值的比较

$$e=\frac{\sigma_{1(2)}-\sigma_{3(4)}}{\sigma_{1(2)}}\times 100\%$$

其误差分析数据记录于表 4-12。

表 4-12 数据记录理论值与实验值误差分析

项 目	测点1(2)理论值	测点1(2)实验值	测点3(4)理论值	测点3(4)实验值
应力值				
测点的理论值与实验的误差比较				
测点之间的误差比较				

六、等强度梁测量电桥的其他连接方法

如图 4-9 所示，等强度梁上粘贴了 4 片阻值分别为 R_1、R_2、R_3、R_4 的工作应变片，补偿应变片 R。应变仪测量电桥时接线方法不同，则组成的测量电桥也不同。

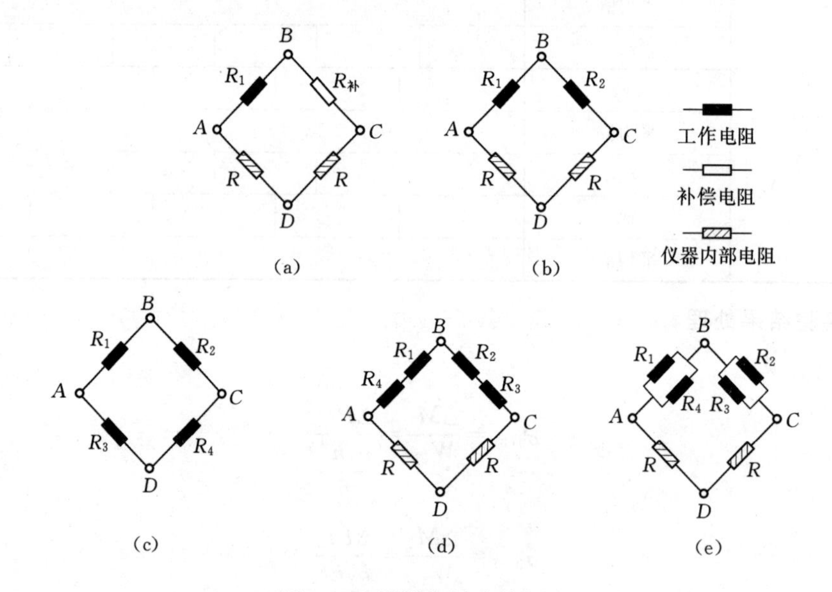

图 4-9 测量电桥连接方法

(a) 单臂半桥接线法；(b) 双臂半桥接线法；(c) 全桥接线法；

(d) 串联半桥接线法；(e) 并联半桥接线法

图 4-9 为测量电桥连接方法，根据电桥基本特性，当测量电桥四臂均为工作应变片时应变仪读数应变为

$$\varepsilon_d=\varepsilon_1-\varepsilon_2-\varepsilon_3+\varepsilon_4$$

式中：ε_1、ε_2、ε_3、ε_4 为测量电桥上四臂电阻 R_1、R_2、R_3、R_4 所感受的应变值。

由上式可知，测量电桥中两相邻臂桥电阻所感受的应变代数和相减，两相对桥臂电阻所感受的应变代数和相加。测量电桥有以下几种接线方法

1. 半桥接线法

半桥接线法有单臂半桥接线法和双臂半桥接线法。

(1) 单臂半桥接线法。单臂半桥接线法是用一个工作应变片和一个补偿应变片接成半桥。取等强度梁上任一片应变片作为工作应变片，与一补偿应变片按图 4-9 (a) 接成半桥，即为单臂半桥接线法。

(2) 双臂半桥接线法。双臂半桥接线法是用两个工作应变片接成半桥。取等强度梁上

应变片 R_1 和 R_2（或 R_3 和 R_4）按图 4-9（b）接成半桥，即为双臂半桥接线法。

2. 全桥接线法

全桥接线法是用 4 个工作应变片接成全桥，取等强度梁上应变片 R_1、R_2、R_3、R_4 按图 4-9（c）接成全桥，即为全桥接线法。

3. 串、并联接线法

串、并联接线法既可以接成半桥，也可以接成全桥。由于等强度梁上只粘贴了 4 片应变片，因此，本实验中串、并联只能用半桥接线法。取等强度梁上应变片按图 4-9（d）接成串联半桥，按图 4-9（e）接成并联半桥。

分别测出等强度梁受载荷作用时以上各种接桥方式下的各测量电桥的应变读数，并进行比较。

七、思考题

（1）为什么等强度梁的测量可以有多种方法？

（2）根据等强度梁测量电桥的连接方法，分别计算每一种方法的测量值与实际值的关系。

（3）比较哪一种连接方法的测量精度最高？

第六节　等强度梁应力状态测定实验

一、实验目的

（1）掌握多点静态应变测量技术。

（2）学会用电阻应变花方法求解主应变和主方向。

二、实验设备和仪器

（1）材料力学组合实验台中等强度悬臂梁实验装置与部件。

（2）力及应变综合参数测试仪。

（3）游标卡尺、钢板尺。

三、实验原理和方法

用电阻应变仪将等强度梁上测点处的两组应变花与补偿块上温度补偿片 R' 接成温补半桥。预调零点后，在载荷下测量应变，分别记录各应变计读数。按表整理数据，并根据应变公式计算主应变。梁在弯曲时，等强度梁不同位置处产生线应变，数值相同，其值为

$$\varepsilon=\frac{\sigma}{E}=\frac{M}{EW_z}=\frac{6Pl}{Ebh^2} \tag{4-16}$$

式中：P 为梁上所加的载荷；l 为载荷作用点到测试点的距离；E 为弹性模量；b 为梁的测点处宽度（变量）；h 为梁的厚度。

在梁的上下表面的测点位置处分别粘贴 0°、45°、90°应变花，如图 4-10 所示。当对梁施加载荷 P 时，测量应变花各点的应变，计算最大与最小线应变及其方向。

主应变及主方向的计算公式

$$\left.\begin{matrix}\varepsilon_{max}\\ \varepsilon_{min}\end{matrix}\right\}=\frac{\varepsilon_{0^\circ}+\varepsilon_{90^\circ}}{2}\pm\frac{\sqrt{2}}{2}\sqrt{(\varepsilon_{0^\circ}-\varepsilon_{45^\circ})^2+(\varepsilon_{45^\circ}-\varepsilon_{90^\circ})^2} \tag{4-17}$$

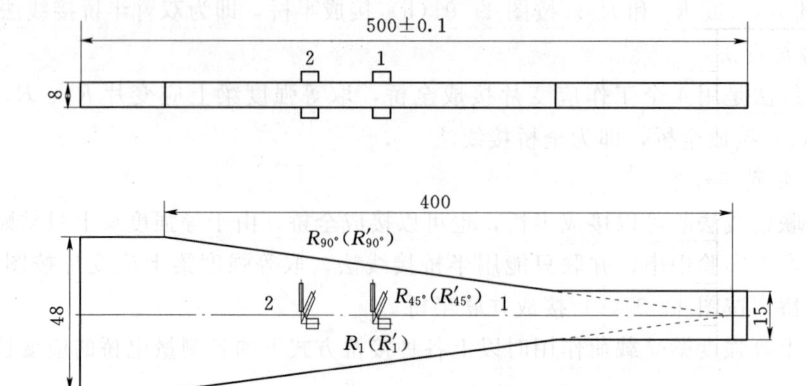

图 4-10 等强度梁外形图及应变花布片图

$$\tan 2\alpha_0 = \frac{2\varepsilon_{45°} - \varepsilon_{0°} - \varepsilon_{90°}}{\varepsilon_{0°} - \varepsilon_{90°}} \quad (4-18)$$

式中：$\varepsilon_{0°}$、$\varepsilon_{45°}$、$\varepsilon_{90°}$ 分别为 0°、45°、90°方向所贴应变计测得的应变值；$\varepsilon_{\max(\min)}$ 为主应变。

四、实验步骤

（1）设计好本实验所需的各类数据表格。

（2）测量悬臂梁的有关尺寸，确定试件有关参数（数据列入表 4-13）。

（3）拟定加载方案。选取适当的初载荷 P_0，估算最大载荷 $P_{\max}$（该实验 $P_{\max} \leqslant$ 200N），一般分 4～6 级加载。

（4）实验采用多点测量中半桥单臂公共补偿接线法。将等强度梁 1、2 两点的各应变片接到电阻应变仪测试通道上，温度补偿片接电阻应变仪公共补偿端。

（5）按实验要求接好线，调整好仪器，检查整个系统是否处于正常工作状态。

（6）实验加载。均匀慢速加载至初载荷 P_0。记下各点应变片初读数，然后逐级加载，每增加一级载荷，依次记录各点电阻应变仪的 ε_i，直到最终载荷。实验至少重复 3 次。梁的参数记录于表 4-13，测点 1、2 处的实验数据的记录与计算参考表 4-14。

（7）做完实验后，卸掉载荷，关闭电源，整理好所用仪器设备，清理实验现场，将所用仪器设备复原，检查实验数据的合理性与有效性。

表 4-13 **等强度梁的有关参数**

梁的尺寸和有关参数	
梁的高度	h=8mm
测点 1、2 处梁的宽度分别为	b_1= mm b_2= mm
载荷作用点到测点 1、2 的距离分别为	l_1= mm l_2= mm
弹性模量	E=210GPa
泊松比	μ=0.28

表 4-14　　测点 1、2 处实验数据的记录与计算

载　荷（N）	P						
	ΔP						
轴向应变读数 ε（$\times 10^{-6}$）	ε_1						
	$\Delta\varepsilon_1$						
	平均值						
	ε_2						
	$\Delta\varepsilon_2$						
	平均值						
45°应变读数 ε（$\times 10^{-6}$）	ε_1						
	$\Delta\varepsilon_1$						
	平均值						
	ε_2						
	$\Delta\varepsilon_2$						
	平均值						
横向应变读数 ε（$\times 10^{-6}$）	ε_1						
	$\Delta\varepsilon_1$						
	平均值						
	ε_2						
	$\Delta\varepsilon_2$						
	平均值						

五、实验结果处理

1. 理论值计算

$$\varepsilon_{\max}=\varepsilon_0=\frac{\sigma}{E}=\frac{M(x)}{W(x)E}\qquad \varepsilon_{90^\circ}=-\mu\varepsilon_0$$

2. 实验值计算

$$\begin{matrix}\varepsilon_{\max}\\ \varepsilon_{\min}\end{matrix}=\frac{\varepsilon_{0^\circ}+\varepsilon_{90^\circ}}{2}\pm\frac{\sqrt{2}}{2}\sqrt{(\varepsilon_{0^\circ}-\varepsilon_{45^\circ})^2+(\varepsilon_{45^\circ}-\varepsilon_{90^\circ})^2}$$

$$\tan 2\alpha_0=\frac{2\varepsilon_{45^\circ}-\varepsilon_{0^\circ}-\varepsilon_{90^\circ}}{\varepsilon_{0^\circ}-\varepsilon_{90^\circ}}$$

3. 理论值与实验值比较

$$e=\frac{\sigma_{理}-\sigma_{实}}{\sigma_{理}}\times 100\%$$

第七节　复合梁应力测定实验

一、实验目的

（1）用电测法测定复合梁在纯弯曲受力状态下，沿其横截面高度的正应变（正应力）分布规律。

(2) 推导复合梁的正应力计算公式。

二、实验设备和仪器

(1) 材料力学组合实验台中复合梁实验装置与部件。

(2) 力及应变综合参数测试仪。

三、实验原理和方法

复合梁实验装置与纯弯曲梁实验装置相同，只是将纯弯曲梁换成复合梁。复合梁所用材料分别为铝梁和钢梁，两者粘贴在一起，相互之间不能滑动。铝梁的弹性模量为 $E_1=70\text{GN/m}^2$，钢梁的弹性模量为 $E_2=210\text{GN/m}^2$。复合梁受力状态和应变片粘贴位置如图4-11所示。沿高度方向共粘贴了8个应变片。

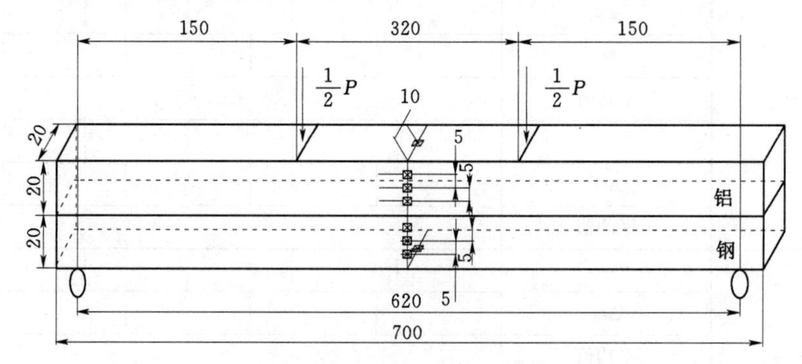

图 4-11 复合梁受力简图

复合梁平面假设成立，由胡克定律，两种材料横截面上的正应力分别为

$$\sigma_1=E_1\frac{y}{\rho}\quad \sigma_2=E_2\frac{y}{\rho} \tag{4-19}$$

由截面上轴力为零的条件，确定中性轴的位置，即

$$\int_{A1}\sigma_1\mathrm{d}A+\int_{A2}\sigma_2\mathrm{d}A=0 \tag{4-20}$$

横截面上的弯矩为

$$M=\int_A\sigma y\mathrm{d}A=\frac{1}{\rho}(E_1I_{z1}+E_2I_{z2})\text{，即}$$

$$\frac{1}{\rho}=\frac{M}{E_1I_{z1}+E_2I_{z2}} \tag{4-21}$$

I_{z1}为截面Ⅰ（铝梁）截面对整个截面中性 Z 轴的惯性矩；I_{z2}为钢梁截面Ⅱ对整个截面中性 Z 轴的惯性矩。因而可得到复合梁Ⅰ和复合梁Ⅱ正应力计算公式分别为

$$\sigma_1=E_1\frac{y}{\rho}=\frac{E_1My}{E_1I_{z1}+E_2I_{z2}} \tag{4-22}$$

$$\sigma_2=E_2\frac{y}{\rho}=\frac{E_2My}{E_1I_{z1}+E_2I_{z2}} \tag{4-23}$$

$n=E_2/E_1$ 中性轴位置的偏移量为

$$e=\frac{h(n-1)}{2(n+1)} \tag{4-24}$$

在叠梁或复合梁的纯弯曲段内，沿叠梁或复合梁的横截面高度已粘贴一组 8 个应变片。当梁受载后，可由应变仪测得每片应变片的应变，即得到实测的沿叠梁或复合梁横截面高度的应变分布规律。由单向应力状态的虎克定律公式 $\sigma = E\varepsilon$，可求出应力实验值。将应力实验值与应力理论值进行比较，以验证叠梁、复合梁的正应力计算公式。

四、实验步骤

（1）本实验取初始载荷 $P_1 = 400\text{kN}$，$P_{max} = 2000\text{N}$，$\Delta P = 400\text{N}$，共分 5 次加载。

（2）加初始载荷 $P = 100\text{N}$，将各通道初始应变均置为零。

（3）逐级加载，记录各级载荷作用下每片应变片的应变读数。

（4）各测点到中性层的位置及有关参数记录于表 4-15 中，各测点的应变值记录于表 4-16 中。

表 4-15　　复合梁的参数值

应变片至中性层距离 y(mm)		梁的尺寸和有关参数
1		宽度 $b = 20\text{mm}$
2		单个梁的高度 $h = 20\text{mm}$
3		跨度 $l = 650\text{mm}$
4		载荷距离 $a = 150\text{mm}$
5		弹性模量 $E_1 = 70\text{GPa}$　$E_2 = 210\text{GPa}$
6		$I_{z1} =$
7		$I_{z2} =$
8		

表 4-16　　复合梁各测点的应变值

载荷 (N)		P					
		ΔP					
各测点电阻应变仪读数 ε ($\times 10^{-6}$)	测点 1 $y=$　mm	ε					
		$\Delta\varepsilon$					
		平均值					
	测点 2 $y=$　mm	ε					
		$\Delta\varepsilon$					
		平均值					
	测点 3 $y=$　mm	ε					
		$\Delta\varepsilon$					
		平均值					
	测点 4 $y=$　mm	ε					
		$\Delta\varepsilon$					
		平均值					
	测点 5 $y=$　mm	ε					
		$\Delta\varepsilon$					
		平均值					

续表

载 荷 (N)		P						
		ΔP						
各测点电阻应变仪读数 ε (×10⁻⁶)	测点 6 y= mm	ε						
		Δε						
		平均值						
	测点 7 y= mm	ε						
		Δε						
		平均值						
	测点 8 y= mm	ε						
		Δε						
		平均值						

五、实验数据处理

1. 应力计算理论值

$$\sigma_1 = E_1 \frac{y}{\rho} = \frac{E_1 \Delta M y}{E_1 I_{z1} + E_2 I_{z2}}$$

$$\sigma_2 = E_2 \frac{y}{\rho} = \frac{E_2 \Delta M y}{E_1 I_{z1} + E_2 I_{z2}}$$

2. 应力计算实验值

$$\sigma_1 = E_1 \Delta \varepsilon \qquad \sigma_2 = E_2 \Delta \varepsilon$$

3. 数据误差比较

复合梁各测点的应力理论值与实验值的误差比较可记录在表 4－17 中。

表 4－17　　复合梁各测点的应力理论值与实验值的误差比较

1 点 y= m		2 点 y= m		3 点 y= m		4 点 y= m		5 点 y= m		6 点 y= m		7 点 y= m		8 点 y= m	
理论值	实验值	理论值	实验值	理论值	实验值	理论值	实验值	理论值	实验值	理论值	实验值	理论值	实验值	理论值	实验值
误差		误差		误差		误差		误差		误差		误差		误差	

六、思考题

（1）复合梁中性轴位置的确定能否用变换截面法？怎样计算？

（2）如果复合梁中间不粘合，应力分布规律是怎样的？

（3）画出复合梁横截面上的应力分布规律。

附录Ⅰ　电测实验设备及测试原理

一、组合式材料力学多功能实验台

组合式材料力学多功能实验台是方便同学们自己动手做材料力学电测实验的设备。一个实验台可做多个电测实验，功能全面、操作简单。

（一）构造及工作原理

1. 外形结构

实验台为框架式结构，分前后两片架，其外形结构如附图Ⅰ-1所示 。前片架可做弯扭组合受力分析、材料弹性模量、泊松比测定、偏心拉伸实验、压杆稳定实验、悬臂梁实验、等强度梁实验；后片架可做纯弯曲梁正应力实验、电阻应变片灵敏系数标定及复合梁实验等。

附图Ⅰ-1　组合式材料力学多功能实验台外形结构

实验台主要配件有：传感器、弯曲梁附件、弯曲梁、三点挠度仪、悬臂梁附件、悬臂梁、扭转筒、扭转附件、加载机构、手轮、拉伸附件、拉伸试件、可调节底盘。

2. 加载原理

加载机构为内置式，利用蜗轮蜗杆及螺旋传动的原理，在不对轮齿产生破坏的情况下，对试件进行施力加载。该设计将两种省力机械机构组合在一起，将手轮的转动变成了螺旋千斤加载的直线运动，具有操作省力、加载稳定等特点。

3. 工作机理

实验台采用蜗杆和螺旋组成的复合加载机构，通过传感器及过渡加载附件对试件进行加载。加载力大小经拉压力传感器由力及应变综合参数测试仪的测力部分测出。各试件的受力变形通过力及应变综合参数测试仪的测试应变部分显示出来。

（二）操作步骤

（1）将所做实验的试件通过有关附件连接到架体相应位置，连接拉压力传感器和加载件到加载机构上去。

（2）连接传感器电缆线到仪器传感器输入插座，连接应变片导线到仪器各个通道接口。

（3）打开仪器电源，预热约20min，输入传感器量程及灵敏度和应变片灵敏系数（一般首次使用时已调好，如实验项目及传感器没有改变，可不必重新设置），在不加载的情况下将测力值和应变量值调至零。

（4）在初始值以上对各试件进行分级加载，均速转动手轮，记下各级力值和试件产生的应变值，进行计算、分析和验证。如已与计算机连接，则全部数据可由计算机进行简单的分析并打印。

（三）注意事项

（1）每次实验前先将试件摆放好，仪器接通电源，打开仪器预热约20min左右。

（2）加载时，各项实验的最大加载值不能超过该项实验规定的最大值。

（3）加载机构作用行程为50mm，手轮快转动到行程末端时应缓慢转动，以免撞坏有关定位件。

（4）所有实验进行完后，应释放所施加的力，以免损坏传感器和有关试件。

（5）蜗杆加载机构每半年或定期加润滑机油，避免干磨损，以延长使用寿命。

二、电测法的基本原理

电测法的基本原理是用电阻应变片测定构件表面的线应变，再根据应变—应力关系确定构件表面的应力状态。这种方法是将电阻应变片粘贴在被测构件表面，当构件变形时，电阻应变片与构件一起变形，则电阻应变片的电阻值将发生相应的变化，然后通过电阻应变仪将此电阻变化转换成电压（或电流）的变化，再换算成应变值或者输出与此应变成正比的电压（或电流）的信号，由记录仪进行记录，就可得到所测定的应变或应力。其原理如附图Ⅰ-2所示。

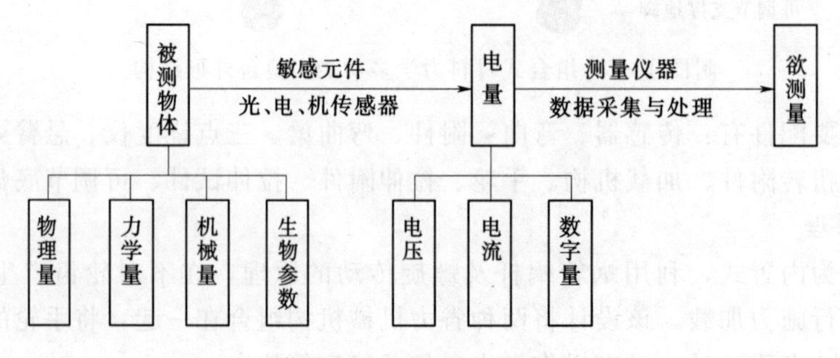

附图Ⅰ-2　电测法原理图

（一）电测法的优点

(1) 测量灵敏度和精度高。其最小应变为 $1\times10^{-6}\varepsilon$。在常温静态测量时，误差一般为1%～3%；动态测量时，误差在3%～5%范围内。

(2) 测量范围广。可测 $\pm1\times10^{-6}\sim2\times10^{4}\times10^{-6}\varepsilon$；力或重力的测量范围为 $10^{-2}\sim10^{5}$ N。

(3) 频率响应好。可以测量从静态到 10^{5} Hz动态应变。

(4) 轻便灵活。在现场或野外等恶劣环境下均可进行测量。

(5) 能在高温、低温或高压等特殊环境下进行测量。

(6) 便于与计算机连接进行数据采集与处理，易于实现数字化、自动化及无线电遥测。

（二）电测法电路及其工作原理

1. 电桥基本特性

通过电阻应变片可以将试件的应变转换成应变片的电阻变化，由于测得的应变通常很小，则电阻的变化也是一个很小的值。测量电路的作用就是将电阻应变片感受到的电阻变化率 $\Delta R/R$ 变换成电压（或电流）信号，再经过放大器将信号放大、输出。

测量电路有多种，惠斯登电桥是最常用的电路，如附图Ⅰ-3所示。设电桥各桥臂电阻分别为 R_1、R_2、R_3、R_4，其中任一桥臂都可以是电阻应变片。电桥的 A、C 为输入端，接电源 E，B、D 为输出端，输出电压为 U_{BD}。

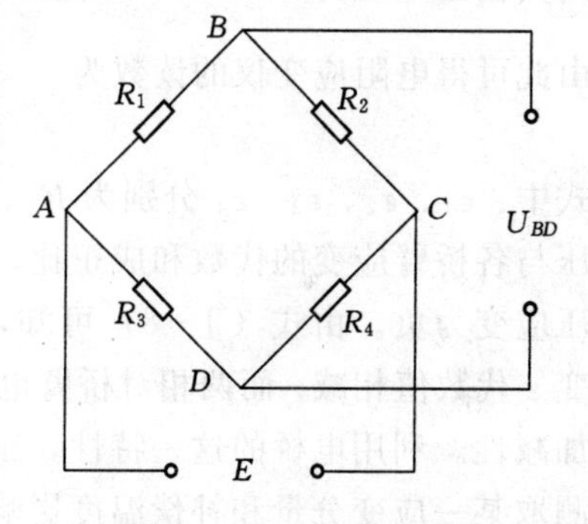

附图Ⅰ-3 惠斯登电桥

从 ABC 半个电桥来看，A、C 间的电压为 E，流经 R_1 电流为

$$I_1=\frac{E}{R_1+R_2} \tag{Ⅰ-1}$$

R_1 两端电压降为

$$U_{AB}=I_1R_1=\frac{R_1E}{R_1+R_2} \tag{Ⅰ-2}$$

同理，R_3 两端电压降为

$$U_{AD}=I_3R_3=\frac{R_3E}{R_3+R_4} \tag{Ⅰ-3}$$

因此可得到电桥输出电压为

$$U_{BD}=U_{AB}-U_{AD}=\frac{ER_1}{R_1+R_2}-\frac{ER_3}{R_3+R_4}=\frac{E(R_1R_4-R_2R_3)}{(R_1+R_2)(R_3+R_4)} \tag{Ⅰ-4}$$

由上式可知，当

$$R_1R_4=R_2R_3 \text{ 或 } R_1/R_2=R_3/R_4$$

时，输出电压 U_{BD} 为零，称为电桥平衡。

设电桥的四个桥臂与粘在构件上的四枚电阻应变片连接，当构件变形时，其电阻值的变化分别为：$R_1+\Delta R_1$、$R_2+\Delta R_2$、$R_3+\Delta R_3$、$R_4+\Delta R_4$，此时电桥的输出电压为

$$U_{BD}=E\frac{(R_1+\Delta R_1)(R_4+\Delta R_4)-(R_2+\Delta R_2)(R_3+\Delta R_3)}{(R_1+\Delta R_1+R_2+\Delta R_2)(R_3+\Delta R_3+R_4+\Delta R_4)}$$

经整理、简化并略去高阶小量，可得

$$U_{BD}=E\frac{R_1R_2}{(R_1+R_2)^2}\left(\frac{\Delta R_1}{R_1}-\frac{\Delta R_2}{R_2}-\frac{\Delta R_3}{R_3}+\frac{\Delta R_4}{R_4}\right) \quad (\text{Ⅰ}-5)$$

当四个桥臂电阻值均相同，即：$R_1=R_2=R_3=R_4=R$，且它们的灵敏度系数均相同时，将关系式$\frac{\Delta R}{R}=K\varepsilon$代入上式，则电桥输出电压为

$$U_{BD}=\frac{E}{4}\left(\frac{\Delta R_1}{R_1}-\frac{\Delta R_2}{R_2}-\frac{\Delta R_3}{R_3}+\frac{\Delta R_4}{R_4}\right)=\frac{EK}{4}(\varepsilon_1-\varepsilon_2-\varepsilon_3+\varepsilon_4) \quad (\text{Ⅰ}-6)$$

由于电阻应变仪是测量应变的专用仪器，电阻应变仪的输出电压U_{BD}是用应变值ε_d直接显示的。电阻应变仪有一个灵敏度系数K_0，在测量应变时，只需将电阻应变仪的灵敏度系数调节到与应变片的灵敏度系数相等，则$\varepsilon_d=\varepsilon$，即应变仪的读数$\varepsilon_d$值不需进行修正。否则，需按下式进行修正

$$K_0\varepsilon_d=K\varepsilon$$

则其输出电压为

$$U_{BD}=\frac{EK}{4}(\varepsilon_1-\varepsilon_2-\varepsilon_3+\varepsilon_4)=\frac{EK}{4}\varepsilon_d \quad (\text{Ⅰ}-7)$$

由此可得电阻应变仪的读数为

$$\varepsilon_d=(\varepsilon_1-\varepsilon_2-\varepsilon_3+\varepsilon_4) \quad (\text{Ⅰ}-8)$$

式中：ε_1、ε_2、ε_3、ε_4分别为R_1、R_2、R_3、R_4的应变值。式（Ⅰ-8）表明电桥的输出电压与各桥臂应变的代数和成正比。应变ε的符号由变形方向决定，一般规定拉应变为正，压应变为负。由式（Ⅰ-8）可知，电桥具有以下基本特性：两相邻桥臂电阻所感受的应变ε代数值相减；而两相对桥臂电阻所感受的应变ε代数值相加。这种作用也称为电桥的加减性。利用电桥的这一特性，正确地布片和组桥，可以提高测量的灵敏度，减少误差，测取某一应变分量和补偿温度影响。

2. 温度补偿

电阻应变片对温度变化十分敏感。当环境温度变化时，因应变片的线膨胀系数与被测构件的线膨胀系数不同，且敏感栅的电阻值随温度的变化而变化，所以测得应变将包含温度变化的影响，不能反映构件的实际应变。因此在测量中必须设法消除温度变化的影响。消除温度影响的措施是温度补偿。在常温应变测量中温度补偿的方法是采用桥路补偿法，它是利用电桥特性进行温度补偿。

（1）补偿块补偿法。把粘贴在构件被测点处的应变片（称为工作片），接入电桥的AB桥臂。另外以相同规格的应变片粘贴在与被测构件相同材料但不参与变形的一块材料上，并与被测构件处于相同温度条件下，称为温度补偿片。将温度补偿片接入电桥与工作片组成的测量电桥的半桥，电桥的另外两桥臂为应变仪的内部固定无感标准电阻，组成等臂电桥。由电桥特性可知，只要将补偿片正确地接在桥路中即可消除温度变化所产生的影响。

（2）工作片补偿法。这种方法不需要补偿片和补偿块，而是在同一被测构件上粘贴几个工作应变片。根据电桥的基本特性及构件的受力情况，将工作片正确地接入电桥中，即

可消除温度变化所引起的应变，得到所需测量的应变。

3. 应变片在电桥中的接线方法

应变片在测量电桥中，利用电桥的基本特性，可用各种不同的接线方法以达到温度补偿的目的，从复杂的变形中测出所需要的应变分量，提高测量灵敏度和减少误差。

（1）半桥接线法。

1）单臂测量（或称1/4桥）［附图Ⅰ-4（a）］：电桥中只有一个桥臂接工作应变片（常用 AB 桥臂），而另一桥臂接温度补偿应变片 $R_2=R$（常用 BC 桥臂），CD 和 DA 桥臂接应变仪内标准电阻。考虑温度引起的电阻变化，按式（Ⅰ-8）可得应变仪的读数为

$$\varepsilon_d=\varepsilon_1+\varepsilon_{1t}-\varepsilon_{2t} \tag{Ⅰ-9}$$

由于 R_1 和 R_2 温度条件完全相同，因此 $(\Delta R_1/R_1)_t=(\Delta R_2/R_2)_t$，所以电桥的输出电压只与工作片引起的电阻变化有关，与温度变化无关，即应变仪的读数为

$$\varepsilon_d=\varepsilon_1 \tag{Ⅰ-10}$$

2）半桥测量［附图Ⅰ-4（b）］：电桥的两个桥臂 AB 和 BC 上均接工作应变片，CD 和 DA 两个桥臂接应变仪内标准电阻。两个工作应变片处在相同温度条件下，$(\Delta R_1/R_1)_t=(\Delta R_2/R_2)_t$，所以应变仪的读数为

$$\varepsilon_d=(\varepsilon_1+\varepsilon_{1t})-(\varepsilon_2+\varepsilon_{2t})=\varepsilon_1-\varepsilon_2 \tag{Ⅰ-11}$$

由于桥路的基本特性自动消除了温度的影响，所以无需另接温度补偿片。

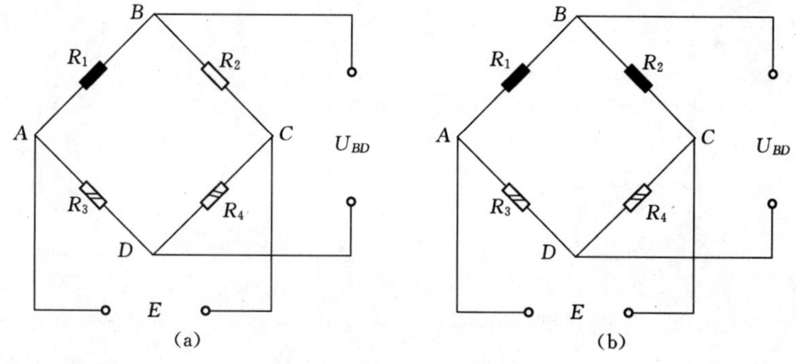

附图Ⅰ-4　半桥电路接法

（a）单臂测量；（b）半桥测量

（2）全桥接线法。

1）对臂测量［附图Ⅰ-5（a）］：电桥中相对的两个桥臂接工作片（常用 AB 和 CD 桥臂），另两个桥臂接温度补偿片（$R_2=R_3=R$）。此时，四个桥臂的电阻处于相同的温度条件下，相互抵消了温度的影响。应变片的读数为

$$\varepsilon_d=(\varepsilon_1+\varepsilon_{1t})-\varepsilon_{2t}-\varepsilon_{3t}+(\varepsilon_4+\varepsilon_{4t})=\varepsilon_1+\varepsilon_4 \tag{Ⅰ-12}$$

2）全桥测量［附图Ⅰ-5（b）］：电桥中的四个桥臂上全部接工作应变片，由于它们处于相同的温度条件下，相互抵消了温度的影响。应变仪的读数为

$$\varepsilon_d=\varepsilon_1-\varepsilon_2-\varepsilon_3+\varepsilon_4 \tag{Ⅰ-13}$$

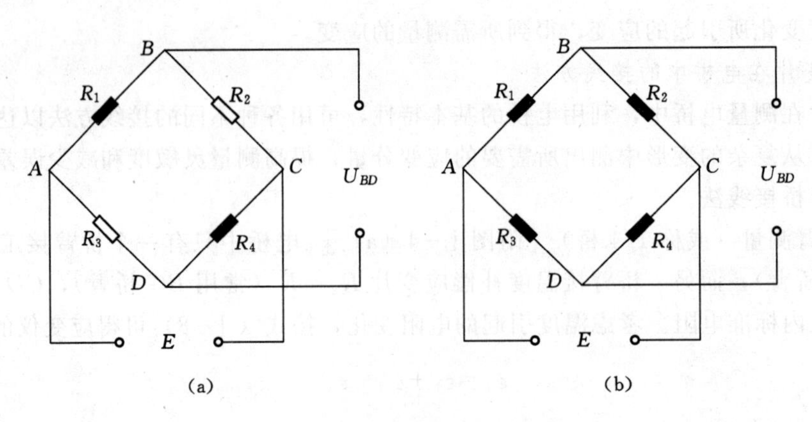

附图Ⅰ-5　全桥电路接法

(a) 对臂测量；(b) 全桥测量

（3）桥臂系数。同一个被测量值，其组桥方式不同，应变仪的读数 ε_d 也不同。测量出的应变仪的读数 ε_d 与待测应变 ε 之比为桥臂系数，因此桥臂系数 B 为

$$B=\frac{\varepsilon_d}{\varepsilon}$$

附录Ⅱ　本指导书所涉及的部分实验记录表

测定低碳钢的弹性模量试验的数据记录与计算

试样尺寸：	直径 $d_1=$	$d_2=$	$d_3=$	平均 $d=$	
试样参数：	引伸仪标距 $l=50$mm，试样标距 $l_0=$　　　mm				
变形/mm 载荷/kN		第一次		第二次	
读数 F	增量 ΔF	变形读数 n	增量 Δn	变形读数 n	增量 Δn
增量均值 $\overline{\Delta F}=$		增量均值 $\overline{\Delta n}=$		增量均值 $\overline{\Delta n}=$	
试样伸长的平均值	$\overline{\Delta l_0}=\overline{\Delta n}/m=$　　　mm				
弹性模量	$E=\overline{\Delta F}l_0/(S_0\,\overline{\Delta l_0})=4\,\overline{\Delta F}l_0/(\pi d^2\,\overline{\Delta l_0})=$　　　GPa				

注　m 为试验次数。

测定低碳钢拉伸时的强度和塑性性能指标试验的数据记录与计算

试　样　尺　寸	实　验　数　据
实验前： 标距 $l_0=$　　　mm 直径 $d=$　　　mm 实验后： 标距 $l_u=$　　　mm 直径 $d_u=$　　　mm	上屈服力 $F_{eH}=$　　　kN 下屈服力 $F_{eL}=$　　　kN 上屈服强度 $R_{eH}=$　　　MPa 下屈服强度 $R_{eL}=$　　　MPa 抗拉强度 $R_m=$ 断后伸长率 $A=$ 断后收缩率 $Z=$
拉断后的试样草图	试样拉伸时载荷变形图

测定灰铸铁拉伸时的强度性能指标试验的数据记录与计算

试　样　尺　寸	实　验　数　据
实验前： 直径 $d_{灰}$＝　　　mm	最大力 $F_{m灰}$＝　　　kN 抗拉强度 $R_{m灰}$＝　　　MPa
拉断后的试样草图	试样拉伸时载荷变形图

测定低碳钢的剪切模量试验的数据记录与计算

试样尺寸：	平均直径 d＝　　　mm		
试件参数：	标距 l＝　　　mm		
扭矩（N·m）		变形（°）	
读数 T	增量 ΔT	扭转角读数 ϕ	增量 $\Delta\phi$
1			
11			
21			
31			
41			
扭矩增量均值$\overline{\Delta T}$＝		扭转角增量均值$\overline{\Delta\varphi}$＝	
剪切模量 $G=\overline{\Delta T}l/\overline{\Delta\varphi}I_p$＝　　　GPa			

测定低碳钢和灰铸铁扭转时的强度性能指标试验数据记录与计算

材　　料	低　碳　钢	灰　铸　铁
试样尺寸	平均直径 $d=$　　　　mm	平均直径 $d=$　　　　mm
扭矩变形图		
断裂后的试样草图		
实验数据	上屈服扭矩 $T_{eH}=$　　　　N·m 下屈服扭矩 $T_{eL}=$　　　　N·m 最大扭矩 $T_m=$　　　　N·m 上屈服强度 $\tau_{eH}=$　　　　MPa 下屈服强度 $\tau_{eL}=$　　　　MPa 抗扭强度 $\tau_m=$　　　　MPa	最大扭矩 $T_m=$　　　　N·m 抗扭强度 $\tau_m=T_m/W_p=$　　　　MPa

矩形截面梁纯弯曲时的正应变测试

矩　形　截　面

$E=$　　　　GPa，$a=$　　　　mm，$B=$　　　　mm，$H=$　　　　mm

应变（$\mu\varepsilon$）/ 载荷（kN）		点 $y=$　　mm		点 $y=$　　mm		点 $y=$　　mm		点 $y=$　　mm		点 $y=$　　mm	
读数	增量	读数	增量	读数	增量	读数	增量	读数	增量	读数	增量
$\overline{\Delta P}=$　　N											
$\Delta\sigma_{实}=$　　MPa											
$\Delta\sigma_{理}=$　　MPa											
误差=　　%											

测量材料的泊松比数据记录

矩　形　截　面

$E=$　　　GPa，$a=$　　　mm，$B=$　　　mm，$H=$　　　mm

测点	项目						
点 $y=$　mm	ε读数						
	增量						
点 $y=$　mm	ε读数						
	增量						

$\mu_1=$　　　　$\mu_2=$　　　　$\mu=$

T形截面梁纯弯曲时的应变记录与应力计算

T　形　截　面

$E=$　　GPa，$a=$　　mm，$B=$　　mm，$H=$　　mm，$b=$　　mm，$h=$　　mm

应变（$\mu\varepsilon$）/ 载荷（kN）		点 $y=$　mm		点 $y=$　mm		点 $y=$　mm		点 $y=$　mm		点 $y=$　mm	
载荷	增量	应变	增量	应变	增量	应变	增量	应变	增量	应变	增量
$\overline{\Delta P}=$	N										
$\Delta\sigma_{实}=$	MPa										
$\Delta\sigma_{理}=$	MPa										
误差=	%										

m 点三个方向线应变

载　荷（N）								
	P		50	100	150	200	250	300
	ΔP		50	50	50	50	50	
电阻应变仪读数（$\times10^{-6}$）	45°	ε						
		$\Delta\varepsilon$						
		平均值						
	0°	ε						
		$\Delta\varepsilon$						
		平均值						
	−45°	ε						
		$\Delta\varepsilon$						
		平均值						

$m—m'$截面弯曲应变

载　荷（N）								
	P		50	100	150	200	250	300
	ΔP							
应变仪读数（$\times10^{-6}$）	弯矩 ε_M	ε_d						
		ε_M						
		$\Delta\varepsilon_M$						
		平均值						

$m—m'$截面扭矩应变

载　荷（N）								
	P		50	100	150	200	250	300
	ΔP							
应变仪读数（$\times10^{-6}$）	扭矩 ε_N	ε_d						
		ε_N						
		$\Delta\varepsilon_N$						
		平均值						

主应力主方向的理论值与实验值比较

比较内容	实验值	理论值	相对误差(%)
$\Delta\sigma_1$(MPa)			
$\Delta\sigma_3$(MPa)			
α_0(°)			
$\Delta\sigma$(MPa)			
$\Delta\tau$(MPa)			

m—m'弯矩和扭矩的理论值与实验值比较

比较内容	实验值	理论值	相对误差(%)
ΔM(N·m)			
ΔM_N(N·m)			